화훼장식

기능사 실기시험

합격하기

화훼장식기능사
실기시험 합격하기

2021. 1. 4. 초 판 1쇄 인쇄
2021. 1. 11. 초 판 1쇄 발행

저자와의
협의하에
검인생략

지은이 | 전희숙, 한근희
펴낸이 | 이종춘
펴낸곳 | **BM** (주)도서출판 **성안당**

주소 | 04032 서울시 마포구 양화로 127 첨단빌딩 3층(출판기획 R&D 센터)
     | 10881 경기도 파주시 문발로 112 파주 출판 문화도시(제작 및 물류)

전화 | 02) 3142-0036
     | 031) 950-6300
팩스 | 031) 955-0510
등록 | 1973. 2. 1. 제406-2005-000046호
출판사 홈페이지 | **www.cyber.co.kr**
ISBN | 978-89-315-8946-7 (13520)
정가 | 21,000원

이 책을 만든 사람들
책임 | 최옥현
기획진행 | 박남균
교정·교열 | 디엔터
본문·표지 디자인 | 디엔터, 박원석
홍보 | 김계향, 유미나
국제부 | 이선민, 조혜란, 김혜숙
마케팅 | 구본철, 차정욱, 나진호, 이동후, 강호묵
마케팅 지원 | 장상범, 조광환
제작 | 김유석

www.cyber.co.kr
성안당 Web 사이트

■ **도서 A/S 안내**

성안당에서 발행하는 모든 도서는 저자와 출판사, 그리고 독자가 함께 만들어 나갑니다.
좋은 책을 펴내기 위해 많은 노력을 기울이고 있습니다. 혹시라도 내용상의 오류나 오탈자 등이 발견되면 **"좋은 책은 나라의 보배"**로서 우리 모두가 함께 만들어 간다는 마음으로 연락주시기 바랍니다. 수정 보완하여 더 나은 책이 되도록 최선을 다하겠습니다.
성안당은 늘 독자 여러분들의 소중한 의견을 기다리고 있습니다. 좋은 의견을 보내주시는 분께는 성안당 쇼핑몰의 포인트(3,000포인트)를 적립해 드립니다.
잘못 만들어진 책이나 부록 등이 파손된 경우에는 교환해 드립니다.

화훼장식
기능사 실기시험
합격하기

전희숙·한근희 지음

BM (주)도서출판 성안당

전희숙

- 숙명여자대학교 디자인 대학원 플로랄아트 수료
- 독일 국가 공인 플로리스트 마이스터
- 충북대학교 화훼장식 전임강사
- 청강아카데미 평생교육원 원장
- 신세계 문화센터 플로리스트 강사

한근희

- 단국대학교 디자인대학원 화훼디자인 석사 졸업
- (현) 사단법인 한국 꽃 문화진흥협회 이사장
- (현) 단국대학교 학점은행제 화훼조형전공 외래교수
- (현) 인천여성가족재단 화훼장식 전임강사
- 인하대학교 학점은행제 화훼조형전공 강사 역임

책을 내면서

    화훼장식 국가자격증 실기를 준비하는 수험자들에게 정성과 마음을 담아 이책을 만들었습니다.

    2004년 처음으로 시행된 국가자격 화훼장식기능사시험은 시간이 흐르며 많은 수의 화훼장식기능사들을 배출했고, 또 매년 많은 분들이 이 시험에 도전하고 있습니다.

    가장 향기롭고 고운 꽃, 그러나 때가 되면 겸손하게 질 줄 아는 아름다운 꽃.

    그 꽃으로 새로운 경험에 빠져들고 싶은 시간 속에 나만의 길을 걸어가기 위한 자기계발의 새로운 선택으로 화훼장식기능사에 도전하는 여러분을 응원합니다.

    수험자들의 시험 합격을 위해 시험 정보를 제공하고 과제의 연습 방향을 제시하고자 이 책을 펴냅니다.

    이 책에서는, 제시된 요구사항과 출제범위, 작업준비물 그리고 주로 사용되는 소재와 함께 시험과제의 작업과정을 좀 더 쉽게 이해할 수 있도록 나열하였으며, 수험자들이 자신감을 가지고 실전준비에 임하는 데 도움을 드리고자 노력하였습니다.

    멋있고 향기 있는 작품보다는 필요성에 입각한 형태 구성을 제공하고자 했습니다. 국가자격증 취득을 꿈꾸는 많은 수험생들을 오랫동안 함께 지도하면서 쉽고 빠르며 시간을 적절히 안배해서 진행할 수 있는 작업 과정을 만들어 이 책에 수록했습니다. 독자들의 자격 취득에 큰 도움이 되었으면 하는 바람입니다.

    이 실기 교재를 적극 활용하시어 화훼장식 국가자격증 취득에 성공하시는 것은 물론, 전문성을 갖춘 플로리스트가 되어 사회에서 멋있게 활동하실 것을 기대합니다.

저자 일동

목차

화훼장식기능사
실기시험 정보

01 출제기준

직무분야	농림어업
중직무분야	농업
자격종목	화훼장식기능사
적용기간	2020.1.1. ~ 2022.12.31.
직무내용	화훼류를 주재료로 화훼장식 계획, 재료구매, 제작, 판매 및 유통 관리하는 직무이다.
수행준거	1. 절화상품을 제작하기 위해 절화시장을 조사하고 절화 상품 재료를 구매하여 분류할 수 있다.
	2. 절화 상품 작업을 준비하고 꽃다발, 꽃바구니, 꽃꽂이 상품을 제작한 후 작업공간을 정리할 수 있다.
	3. 글씨리본과 장식리본을 제작하여 포장하고 상품을 마무리할 수 있다.
	4. 분화상품 재료를 분류하고 작업을 준비하고 분화상품을 제작한 후 작업공간을 정리할 수 있다.
	5. 제작된 절화상품, 분화상품, 가공화상품, 대여상품, 부재료를 관리할 수 있다.
	6. 제작된 상품을 고객을 응대하여 매장 또는 매장 외에서 판매할 수 있다.
	7. 고객의 요구와 상품 특성에 적합한 배송계획을 세워서 신속 정확하게 배송하고 고객에게 상품관리 방법을 전달할 수 있다.
실기검정방법	작업형
시험시간	2시간 정도

화훼장식 제작실무

① 화훼장식 절화 상품 재료구매

(1) 절화시장조사하기

① 상품 제작 계획서에 따라서 상품제작 조건에 적합한 시장조사를 할 수 있다.

② 시장조사를 통해 상품제작에 필요한 재료의 조건을 파악할 수 있다.

③ 시장조사를 통해 상품제작에 필요한 재료의 종류를 파악할 수 있다.

④ 시장조사를 통해 실행예산서를 작성할 수 있다.

⑤ 시장조사를 통해 재료구매목록서를 작성할 수 있다.

⑥ 화훼류 및 화훼장식 상품 유통관리 지침에 따라 절화유통경로를 파악할 수 있다.

(2) 절화상품 재료 구매하기

① 실행예산서와 재료구매목록에 따라서 재료 구매계획서를 작성할 수 있다.

② 구매계획서에 따라서 시장조사하여 재료를 구매할 수 있다.

③ 구매된 재료를 검수할 수 있다.

(3) 화상품 재료 분류하기

① 검수된 재료를 종류별로 분류할 수 있다.

② 검수된 재료를 크기별로 분류할 수 있다.

③ 검수된 재료를 형태별로 분류할 수 있다.

④ 절화를 물올림 작업하여 정리 보관할 수 있다.

② 화훼장식 절화 기본상품 제작

(1) 절화 상품 작업 준비하기

① 작업지시서에 따라서 작업에 필요한 공간 확보와 시설, 장비, 비품, 인력을 배치할 수 있다.

② 절화상품 종류에 따라서 가시를 제거하고 철사 와이어링(Wiring)작업 등 선행작업을 할 수 있다.

③ 작업지시서에 따라서 꽃바구니, 유리병, 화기 등 상품용기를 선정할 수 있다.

④ 플로랄 폼(Floral foam)이나 절화지지대와 같은 고정하기 위한 고정재료를 사용할 수 있다.

(2) 꽃다발 제작하기

① 작업지시서에 따라서 재료의 선행 작업을 할 수 있다.

② 작업지시서에 따라서 준비된 재료로 꽃다발을 제작할 수 있다.

③ 상품 제작 후 상품 특성에 따라 수명연장처리와 같은 마무리 작업하여 상품을 완성할 수 있다.

④ 상품 제작 후 남은 재료는 상황에 따라서 폐기하거나 재정리하여 보관할 수 있다.

(3) 꽃바구니 제작하기

① 작업지시서에 따라서 보조 재료를 사용하여 기초작업을 할 수 있다.

② 작업지시서에 따라서 준비된 재료로 꽃바구니를 제작할 수 있다.

③ 상품 제작 후 상품 특성에 따라 수명연장처리와 같은 마무리 작업하여 상품을 완성할 수 있다.

④ 상품 제작 후 남은 재료는 상황에 따라서 폐기하거나 재정리하여 보관할 수 있다.

(4) 꽃꽂이상품 제작하기

① 작업지시서에 따라서 절엽 종류를 사용하여 기초작업을 할 수 있다.

② 작업지시서에 따라서 준비된 재료로 꽃꽂이 상품을 제작할 수 있다.

③ 상품 제작 후 상품 특성에 따라 수명연장처리와 같은 마무리 작업하여 상품을 완성할 수 있다.

④ 상품 제작 후 남은 재료는 상황에 따라서 폐기하거나 재정리하여 보관할 수 있다.

(5) 작업공간 정리하기

① 작업에 사용한 도구를 정리할 수 있다.

② 작업 후 발생한 폐기물을 분리하여 처리할 수 있다.

③ 작업이 완료된 후 작업공간을 깨끗하게 정리할 수 있다.

③ 화훼장식 절화상품 포장

(1) 절화상품 글씨리본 제작하기

① 절화상품용도에 따른 문구를 선택할 수 있다.

② 절화상품용도에 따른 리본을 선택할 수 있다.

③ 절화상품주문서와 작업지시서에 따라서 글씨리본을 출력할 수 있다.

⑵ 절화상품 장식리본 제작하기

① 출력된 글씨리본에 적합한 리본을 선택할 수 있다.

② 상품에 적합한 리본을 선택할 수 있다.

③ 종류별 보우(Bow)를 제작할 수 있다.

⑶ 절화상품 포장하기

① 제작된 상품에 적합한 포장지를 선택할 수 있다.

② 제작된 상품에 적합한 포장기법으로 포장할 수 있다.

③ 제작된 상품에 적합한 장식리본을 부착할 수 있다.

⑷ 절화상품 상품 마무리하기

① 상품 포장 후 상품 특성에 따라 수명연장처리를 할 수 있다.

② 절화상품의 품질이 유지되도록 마무리 작업할 수 있다.

③ 절화상품의 가치가 유지되도록 마무리 작업할 수 있다.

④ 화훼장식 분화 상품 제작

⑴ 분화상품 재료 분류하기

① 검수된 재료를 종류별로 분류할 수 있다.

② 검수된 재료를 형태별로 분류할 수 있다.

③ 검수된 재료를 기능별로 분류할 수 있다.

④ 식물을 관수하여 정리 보관할 수 있다.

⑵ 분화 상품 작업 준비하기

① 작업지시서에 따라서 작업에 필요한 공간 확보와 시설, 장비, 비품, 인력을 배치할 수 있다.

② 분화상품 종류에 따라서 뿌리상태를 체크하고 토양성분을 확인하는 선행작업을 할 수 있다.

③ 작업지시서에 따라서 제작상품 용도에 적합한 상품용기를 선정할 수 있다.

④ 분화상품 종류에 따라서 생육에 적합한 토양 재료를 준비할 수 있다.

⑤ 작업지시서에 따라서 상품 제작에 필요한 기초작업을 준비할 수 있다.

⑶ 분화 상품 제작하기

① 작업지시서에 따라서 분화상품 제작용기에 배수보조재료를 이용하여 기초작업을 할 수 있다.

② 작업지시서에 따라서 준비된 분화상품 재료를 디자인에 맞게 식물심기를 할 수 있다.

③ 식물심기 후 상품 특성에 따라서 토양 위에 하이드로볼, 자갈, 수태 등을 활용하여 장식할 수 있다.

④ 분화상품 종류에 따라서 장식물과 첨경물을 사용하여 마무리 작업할 수 있다.

⑤ 상품 제작 후 남은 재료는 상황에 따라서 폐기되거나 재정리하여 보관할 수 있다.

⑥ 작업이 완료된 후 작업공간을 깨끗하게 정리할 수 있다.

(4) 작업공간 정리하기

① 작업에 사용한 도구를 정리할 수 있다.

② 작업 후 발생한 폐기물을 분리하여 처리할 수 있다.

③ 작업이 완료된 후 작업공간을 깨끗하게 정리할 수 있다.

⑤ 화훼장식 상품 관리

(1) 화훼장식 상품 관리하기

① 절화관리 지침에 따라서 절화의 종류별 관리방법을 파악할 수 있다.

② 절화 종류별 관리방법을 파악하여 절화상품 관리목록을 작성할 수 있다.

(2) 가공화상품 관리하기

① 가공화관리 지침에 따라서 가공화의 종류별 관리방법을 파악할 수 있다.

② 가공화 종류별 관리방법을 파악하여 가공화상품 관리목록을 작성할 수 있다.

(3) 대여상품 관리하기

① 대여상품관리 지침에 따라서 대여상품의 종류별 관리방법을 파악할 수 있다.

② 대여상품 종류별 관리방법을 파악하여 대여상품 관리목록을 작성할 수 있다.

(4) 부재료 관리하기

① 부재료관리 지침에 따라서 부재료 관리요령을 숙지하여 관리 보관하고 부재료목록을 작성할 수 있다.

② 부재료목록에 따라서 부재료 수량과 현황을 파악할 수 있다.

③ 상품 제작 후 잉여 부재료를 판매 가능한 상품으로 제작할 수 있다.

⑥ 화훼장식 상품 판매

(1) 고객 응대하기

① 고객관리카드에 따라서 고객을 분류할 수 있다.

② 분류된 고객을 고객응대 매뉴얼에 따라서 상담할 수 있다.

③ 고객응대를 통해 도출된 상담 내용을 정리할 수 있다.

(2) 매장 판매하기

① 매장 방문 고객과의 상담을 통해 주문서를 작성할 수 있다.

② 주문서에 따라서 직접 상품을 판매하거나 예약할 수 있다.

③ 판매된 상품에 대한 기본적인 지식을 고객에게 전달할 수 있다.

(3) 매장 외 판매하기

① 전화상담을 통해 고객요구에 적합한 상품을 추천하고 주문서를 받을 수 있다.

② 전자상거래를 통해 상품에 대한 기초자료를 제공하고 주문서를 받을 수 있다.

③ 주문서에 따라서 직접 배송이 불가한 경우 연계된 협력업체에 수 · 발주할 수 있다.

⑦ 화훼장식 배송 유통 관리

(1) 배송 준비하기

① 주문서에 따라서 납품서를 작성하고 배송방법을 결정할 수 있다.

② 주문서와 납품서에 따라서 상품과 인수 내용을 확인할 수 있다.

③ 상품이 배송 도중 파손되지 않도록 화훼상품 유통취급기준에 따라서 포장방법을 선정할 수 있다.

(2) 배송 시행하기

① 배송에 따라서 정확한 배송지를 파악하고 배송계획서를 작성할 수 있다.

② 안정적인 포장상태를 점검하고 화훼상품이 파손되지 않도록 안전하게 배송할 수 있다.

③ 상품 배치장소 선정 시 고객요청을 적극적으로 수용하여 상품을 배치할 수 있다.

④ 배송상품 인도 후 상품 인수증을 확인할 수 있다.

(3) 배송 후 관리하기

① 상품인수증에 따라서 상품에 대한 인수고객의 만족도를 확인할 수 있다.

② 주문서에 따라서 상품 배송처리 후 상품인수증을 주문자에게 회신할 수 있다.

③ 소비자보호법에 따라서 상품에 대한 고객의 불만사항 발생 시 불만사항을 처리할 수 있다.

(4) 화훼장식재료 유통시스템 관리하기

① 화훼장식재료 유통시스템 관리 지침에 따라서 화훼장식재료 관리방법을 제시할 수 있다.

② 화훼장식재료 유통시스템 관리 지침에 따라서 재료관리에 대한 고객 질의에 응답할 수 있다.

③ 고객상담을 통해서 화훼상품 관리 및 상품 재구매 동기를 부여할 수 있다.

수험자 유의사항

※ 다음 유의사항을 고려하여 요구사항을 수행하시오.

① 수험자 인적사항 및 계산식을 포함한 답안 작성은 흑색 필기구만 사용해야하며, 그 외 연필류, 빨간색, 청색 등 필기구로 작성한 답항은 0점 처리되오니 불이익을 당하지 않도록 유의해 주시기 바랍니다.

② 시험 시작 전 문제지 및 지급재료의 이상여부를 반드시 확인하고 이상이 있을 시에는 감독위원에게 보고 후 조치를 받은 다음 수험에 임합니다.

③ 시험문제와 관련된 질문사항은 시험시작 전에 하고 시험 진행 중에는 절대 질문 할 수 없습니다.

④ 테이블 위에는 작업에 필요한 재료나 공구만 놓을 수 있습니다.
   (단, 줄자 붙이는 행위, 수치표시, 도면 초안 등은 할 수 없습니다.)

⑤ 문제지의 사용재료와 지급재료 이외에 재료 사용은 일제히 금하며, 사용 시 불이익이 있을 수 있습니다.

⑥ 감독위원이 지참재료의 종류 및 수량을 확인하고, 사전에 손질된 재료나 작품을 지참하였는지 검수하오니 수험자는 반드시 적극 협조하여야 합니다.

⑦ 지급재료 및 지참재료는 1과제 시행 15분 전에 과제별로 모두 표기된 양을 배분 및 손질합니다.

⑧ 생화 재료의 손질 범위는 꽃잎, 잎 또는 가시 등을 제거하는 것으로, 가시제거기의 사용은 가능하나 가위나 칼을 사용하여 재료를 절단하는 행위는 허용되지 않습니다.

⑨ 수험자는 과제에 따라 주어진 시간 내에 제시된 과제별로 작품을 제작합니다.

⑩ 완성된 작품은 지정된 장소에 이동시키고 과제 종료 후 모든 수험자가 동시에 다음과제를 연속해서 시행합니다.

⑪ 과제는 지정된 책상 또는 전시테이블에 주의하여 올려놓습니다.

⑫ 작품 제작과정에서 소재를 다루는 태도 및 도구사용의 적합도 등이 감독위원에 의해 채점됩니다.

⑬ 수험자는 작업테이블 주변을 깨끗이 정리하여야 하며, 주변정리 또한 채점에 반영되고, 정리가 끝나면 본부요원의 안내에 따라 퇴실합니다.

⑭ 통신기기(휴대폰, pda, 디지털카메라 등)의 전원을 꺼서 시험 전에 본부요원에게 제출합니다.

⑮ 작품 제작 후 남은 생화 등의 소재는 수험자가 가져가며, 채점이 완료된 작품은 희망자에 한해 해체된 것을 가져 갈 수 있고, 남은 것은 절단하여 폐기물로 분류해서 처리합니다.

⑯ 반복적 동작, 작업에 부적절한 자세, 무리한 힘의 사용 등에 의한 근육피로를 줄이기 위해서 자세를 바꾸거나 적절한 자세를 유지 하도록 합니다.

⑰ 다음사항에 대해서는 채점 대상에서 제외하니 특히 유의하시기 바랍니다.

> 🚨 **실격**
>
> ㈎ 지급 및 지참재료 이외에 다른 소재를 임의 사용하여 표지. 표식에 의한 부정행위로 간주 될 경우
>
> (단, 지참재료를 구할 수 없어 수험자가 임의로 대체 재료를 지참한 경우 감점처리 됨)
>
> ㈏ 사전에 손질된 재료나 작품을 지참 또는 교체하여 부정행위로 간주될 경우
>
> (모든 재료는 시중에 판매되는 손질을 하지 않은 상태로 지참하여야 함)
>
> 🚨 **미완성**
>
> ㈎ 각 과제별로 제한 시간 내에 작품을 제출하지 않거나 미완성으로 제출한 경우

03 시험내용과 재료 목록

① 시험내용

번호	과제명		시험시간	화형
1	동양 꽃꽂이	직립형(바로 세운형)	30분	기본형
2		경사형(기울인형)		기본형
3	서양 꽃꽂이	수직형(Vertical style)	30분	일방형
4		반구형(Dome style)		사방형
5		대칭 삼각형(symmetrical Trangle style)		일방형
6		역T형(Invertied T style)		일방형
7		L형(L- style)		일방형
8		수평형(Horizontal style)		사방형
9		부채형(Fan style)		일방형
10	꽃다발과 코사지	원형 꽃다발(Round style)	50분	사방형
		원추형 꽃다발(Cone style)		사방형

② 재료목록

번호	재료명	규격	단위	수량	비고
1	가시제거기(공용)		개	1	
2	플라스틱물통(공용)	10L	개	2	
3	필기구(공용)	흑색	개	1	
4	FD나이프(공용)	꽃장식용	개	1	
5	플로랄폼용 나이프(공용)		개	1	
6	수공가위, 전정가위, 절화용가위(공용)	꽃장식용	각 개	1	1개 이상, 종류 및 개수 무관

7	철사 절단 및 휨용 도구 [니퍼, 롱로우즈, 플라이어 (펜치)](공용)	꽃장식용	개	1	1개 이상, 종류 및 개수 무관
8	줄자(공용)	1m 이상	개	1	
9	앞치마(공용)	보통용	개	1	
10	분무기(공용)		개	1	
11	수건(공용)		장	1	
12	장미	–	본	10	스텐다드 카네이션
13	리시안서스	–	본	10	스프레이카네이션 스프레이장미
14	나리	–	본	5	거베라(화폭8cm이상, 10본) 다알리아(화폭8cm이상, 5본) 해바라기(5본) 스탠다드 국화(10본) 스탠다드 카네이션(10본)
15	루스커스	–	본	20	유칼립투스 레몬잎 네프로네피스
16	말채	–	본	14	곱슬버들(14본) 느티나무(8본) 화살나무(8본) 납작대나무(25본, 너비0.5cm 길이150cm내외)
17	누드철사	#24, 26	각묶음	1	시중 판매용
18	지철사	#27	묶음	1	시중 판매용(그린색)
19	플로럴테리프	그린색	개	1	너비는 자유
20	오간디 리본	1cm(내외) × 100cm	개	1	코사지용(아이보리계열)
21	장미	–	본	10	스텐다드 카네이션

22	리시안서스	–	본	10	스프레이 카네이션, 스프레이 장미
23	거베라 (화폭8cm이상)	–	본	10	다알리아(화폭 8cm 이상, 5본) 해바라기(5본) 스텐다드 국화(10본), 나리(5본)
24	유칼립투스	–	본	10	루스커스(20본), 네프로레피스(20본) 금사철나무(10본), 은사철나무(10본) 청사철나무(10본), 탑사철나무(10본)
25	스프레이국화	–	본	10	스프레이카네이션(10본) 알스트로메리아(10본) 공작초(10본), 과꽃(10본) 솔리다스터(20본), 기린초(20본)
26	편백	–	본	3	측백, 금사철나무, 은사철나무, 청사철나무
27	영산홍	–	본	3	돈나무(3본), 동백나무(3본) 탑사철나무(5본), 금사철나무(5본) 은사철나무(5본), 청사철나무(5본) 미국자리공(5본), 조팝나무(5본) 설유화(5본), 남천나무(3본) 정금나무(3본), 연달래(5본) 진달래(5본), 황칠나무(5본)
28	장미	–	본	10	스텐다드 국화(10본) 스텐다드 카네이션(10본), 나리(5본)
29	스프레이국화	–	본	5	스프레이 장미, 스프레이카네이션 리시안서스
30	팔손이	–	본	5	몬스테라, 필로덴드론 '제나두'(신종셀렘), 루모라고사리
31	꽃다발용 화분받침	–	개	1	1과제용(지급재료)
32	마끈코사지핀	–	개	1	1과제용(지급재료)

33	코사지핀	–	개	1	1과제용(지급재료)
34	사각피라밋 수반	–	개	1	2과제용(지급재료)
35	플로랄폼	–	개	1	2과제용(지급재료)
36	원형수반대	–	개	1	3과제용(지급재료)
37	침봉	–	개	1	3과제용(지급재료)

※ 실기시험 지급재료는 시험종료 후(기권, 결시자 포함) 수험자에게 지급하지 않습니다.

③ 지참 공구목록

번호	재료명	규격	단위	수량	비고
1	가시제거기	개	개	1	
2	플라스틱 물통	10L	개	2	
3	필기구	흑색 또는 청색	개	1	
4	FD나이프	꽃장식용	SET	1	
5	수공가위, 전정가위	꽃장식용	각	1	
6	철사절단 및 활용 도구	니퍼, 롱로우즈, 플라이어(펜치) 등	개	1	1개 이상이며, 종류 및 개수 무관
7	줄자	1m용	개	1	
8	앞치마	보통용	벌	1	학원 명이 라벨된 경우 시험 시 청테잎 등으로 가려야 함
9	분무기		개	1	
10	수건		장		개인용
11	누드철사	#18, 20, 22, 24, 26	묶음	1	#18철사 길이 70cm
12	오간디 리본	폭 2cm 정도 아이보리 또는 핑크	개	1	
13	플로랄테이프	그린색	개	1	너비는 자유
14	지철사	#27, 길이 35cm 정도	묶음	1	약간

04 화훼장식기능사 실기시험 공개문제

1과제 동양 꽃꽂이

⏱ 시험시간 : 30분

① 요구사항

3과제에 제시된 재료 및 지급된 재료를 사용하여 다음 조건에 맞는 동양 꽃꽂이를 제작하시오.

🎀 조건

   (1) 작품의 형태는 감독위원이 선정한 번호(과제명, 비고)에 맞게 제작하시오.

   (2) 화기와의 비율에 맞게 제작하시오.

   (3) 작품제작을 위해 준비된 생화는 종류별로 모두 사용하되, 사용량은 전체 소재의 70% 이상을 사용하시오.

번호	과제명	비고
1	직립형(바로세우는 형)	기본형
2	경사형(기울이는 형)	기본형

② 재료목록

번호	지참재료	규격	단위	수량	비고
1	영산홍	–	본	3	돈나무(3본), 동백나무(3본), 탑사철나무(5본), 금사철나무(5본), 은사철나무(5본), 청사철나무(5본), 미국자리공(5본), 조팝나무(5본), 설유화(5본), 남천나무(3본), 정금나무(3본), 연달래(5본), 진달래(5본), 황칠나무(5본)
2	장미	–	본	10	스탠다드 국화(10본), 스탠다드 카네이션(10본), 나리(5본)
3	스프레이국화	–	본	5	스프레이 장미, 스프레이 카네이션, 리시안서스
4	팔손이	–	본	5	몬스테라, 필러덴드론 '제나두'(신종 셀렘), 루모라 고사리

2과제 서양 꽃꽂이

 시험시간 : 30분

① 요구사항

2과제에 제시된 재료 및 지급된 재료를 사용하여 다음 조건에 맞는 꽃꽂이를 제작하시오.

조건

(1) 작품의 형태는 감독위원이 선정한 번호(과제명, 비고)에 맞게 제작하시오.

(2) 작품의 크기는 화기의 비율을 고려하여 제작하시오.

(3) 작품제작을 위해 준비된 생화는 종류별로 모두사용 하되, 사용량은 전체 소재의 70% 이상을 사용 하시오.

번호	과제명	화형	번호	과제명	화형
1	대칭삼각형	일방형	5	L형	일방형
2	수평형	사방형	6	반구형	사방형
3	부채형	일방형	7	역T형	일방형
4	수직형	일방형			

② 재료목록

번호	지참재료	규격	단위	수량	비고
1	장미	–	본	10	스탠다드 카네이션
2	리시안서스	–	본	10	스프레이 카네이션, 스프레이 장미
3	거베라 (화폭 8cm이상)	–	본	10	다알리아(화폭 8cm이상, 5본), 해바라기(5본), 스탠다드 국화(10본), 나리(5본)
4	유칼립투스	–	본	10	루스커스(20본), 니프로레피스(20본), 금사철나무(10본), 은사철나무(10본), 청사철나무(10본), 탑사철나무(10본)
5	스프레이국화	–	본	10	스프레이카네이션(10본), 알스트로메리아(10본), 공작초(10본), 과꽃(10본), 솔리다스터(20본), 기린초(20본)
6	편백	–	본	3	측백, 금사철나무, 은사철나무, 청사철나무

3과제 꽃다발과 코사지

① 요구사항

과제에 제시된 재료 및 지급된 재료를 사용하여 다음 조건에 맞는 꽃다발과 코사지를 제작하시오.

🌸 조건(꽃다발)

(1) 작품의 형태는 감독위원이 선정한 번호(과제명, 비고)에 맞게 제작하시오.

(2) 반드시 구조물을 제작하여 완성하시오.

(3) 운반가능하게 제작하시오.

(4) 수분공급이 가능하도록 하시오.

(5) 작품 제작을 위해 준비된 생화는 종류별로 모두 사용하되, 사용량은 전체 소재 70% 이상으로 하시오.

번호	과제명(꽃다발형)	비고
1	반구형	지름 35cm 이상
2	원추형	전체높이 60cm 이상

🌸 조건(코사지)

(1) 지급재료를 활용하여 코사지(가슴부착용)를 제작하시오.

(2) 코사지의 형태는 자유롭게 제작하시오.(단, 절화 3송이를 사용하시오.)

(3) 구조물은 제작하지 않고, 와이어링 기법만을 사용하여 제작하시오.

(4) 탈부착이 가능 하도록 하시오.

(5) 지참재료 중 리본을 활용하여 보우를 자유롭게 제작하시오.

(6) 절화의 수명은 6 시간 이상 유지되도록 하시오.

② 재료목록

번호	지참재료	규격	단위	수량	비고
1	장미	–	본	10	스텐다드 카네이션
2	리시안서스	–	본	10	스프레이 카네이션, 스프레이 장미
3	나리	–	본	5	거베라(화폭8cm 이상, 10본)
4	루스커스	–	본	20	유칼립투스, 레몬잎, 네프로레피스
5	말채	–	본	14	곱슬버들(14본), 느티나무(8본), 화살나무(8본), 납작대나무(25본, 너비0.5cm, 길이 150cm내외)
6	누드철사	#24, 26	각 묶음	1	시중판매용
7	지철사	#27	묶음	1	시중판매용(그린색)
8	플로랄테이프	그린색	개	1	너비는 자유
9	오간디 리본	1cm(내외) × 100cm	개	1	코사지용(아이보리게열)

05 시험에 사용되는 공구의 종류

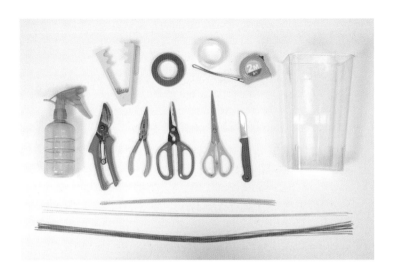

공구의 종류	내용
가시제거기	장미의 가시나 단단한 줄기의 잎 등을 제거할 때 사용할 수 있다. 비교적 손쉽게 불순물을 제거할 수 있지만, 너무 강한 힘을 주어 줄기가 손상되지 않도록 주의한다.
프라스틱 물통	약 10L 내외의 플라스틱 물통을 2개 사용할 수 있다. 하나에 모든 소재를 한꺼번에 담아 운반 할 수 있지만, 과제별로 나누어 정리하여 시험장에서 사용하는 것이 좋다.
필기구	흑색, 청색의 필기구를 반드시 지참하여야 한다.
FD나이프	화훼장식에 사용되는 나이프로 일반 나이프와는 다르게 한 면만 날이 서 있다. 시중에 다양한 가격과 종류의 나이프가 유통되고 있으며, 나이프의 종류에 구애받지 않고 사용할 수 있다. 특히 소재의 줄기를 절단할 때 매우 효율적이므로 가위 대신 반드시 나이프를 사용하도록 하는 것이 좋다.
수공가위	리본을 자르거나 잎 소재를 다듬는 용도로 사용할 수 있다. 별도의 수공가위가 구비되어 있지 않은 경우 간단한 공작가위를 사용하여도 좋다.
전정가위	두꺼운 줄기의 절지류를 자를 때 매우 유용하며, 절지 외에도 한꺼번에 여러 줄기를 잘라야 할 경우 매우 손쉽게 사용할 수 있다. 전정가위도 다양한 종류가 시중에 유통되고 있지만, 종류와 상관없이 시험장에서 사용할 수 있다.
니퍼	철사를 자르는 용도로 사용한다.
펜치	철사를 묶거나 조일 때 사용하면 매우 효율적이며, 비슷한 용도의 롱로우즈를 사용하는 경우도 많다.

줄자	보통 1m 줄자를 사용하는데 작품제작 실무에서 길이나 치수를 잴 때 사용한다.
앞치마	생활방수가 되는 앞치마를 사용하는 것이 좋다.
분무기	완성 후 신선도를 유지하기 위해 사용하지만, 부케 제작 시에는 철사처리 하면서 자주 분무해 주어야 탈수(?)를 막을 수 있다.(사진)
부케철사	#18, 20, 22, 24, 26을 각각 1묶음씩 지참할 수 있으며, 부케를 제작할 때 사용한다.
오간디리본	아이보리(Ivory)색, 혹은 핑크(Pink)색의 오간디 리본으로 폭은 3cm로 규정하나 실제로 정확한 3cm는 잘 유통되지 않는다. 대부분 2.5cm, 3.5cm를 사용하며, 3cm 내외의 오간디 리본은 모두 사용할 수 있다. 가장자리에 철사가 들어있는 것도 있으므로 모두 연습한 후 본인에게 적합한 것을 선택하여 지참하는 것이 좋다. 오간디 리본은 부케의 핸들을 감싸는 데 많이 사용된다.
플로랄테이프	그린색의 플로랄 테이프를 지참할 수 있으며 부케의 철사 처리에 사용된다. 지나치게 오래된 플로랄 테이프는 점성이 떨어져 잘 붙지 않으므로 주의하도록 한다.
지철사	#27 철사를 얇은 종이로 감싼 것으로 녹색, 밤색, 흰색이 있다. 시중에서 판매되고 있는 큰 묶음을 모두 지참할 필요는 없으며 길이 35cm 정도의 철사 일부만 지참하여도 충분히 사용할 수 있다.

🎕 시험에 사용되는 화기와 플로랄폼

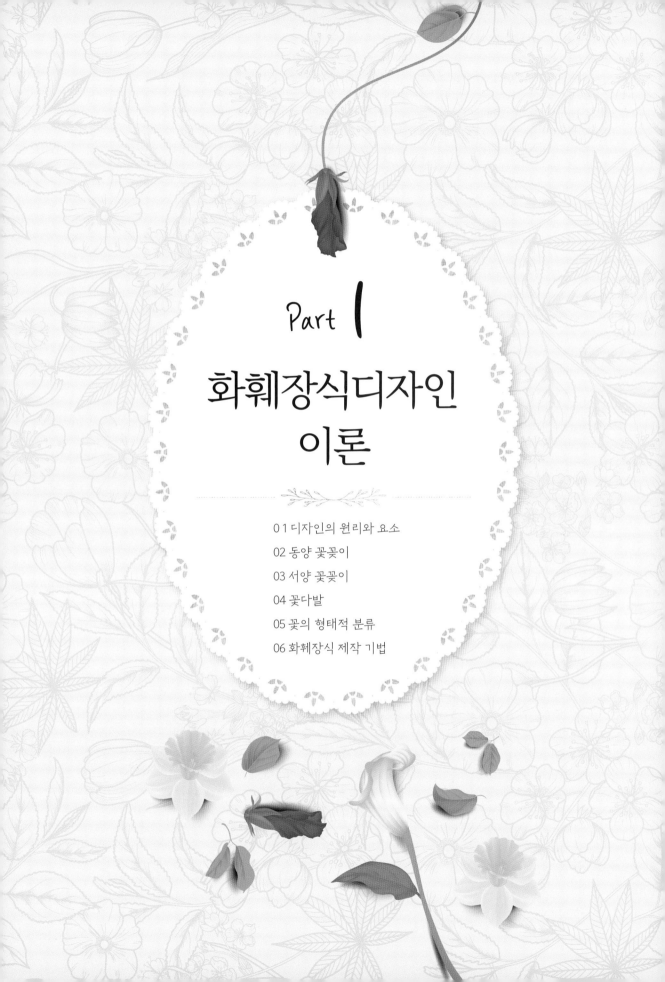

Part 1

화훼장식디자인 이론

CHAPTER 01

디자인의 원리와 요소

① 디자인의 원리

(1) 구성 Composition

디자인 속의 작은 구성요소들을 통일되고 조화로운 전체로 묶는 것이라 말할 수 있다. 디자인 스타일을 만드는 데 있어서 시간 Time , 장소 Place , 목적 occasion 이 세가지 조건을 충족시킬 수 있는 구성이 필요하다.

(2) 비율 Proportion

화형을 이루는 구성요소 간의 상대적인 크기를 말한다. 좋은 비율은 균형감과 안정감을 준다. 화훼장식 비율에서 가장 중요한 비율은 소재와 화기의 비율이다.

> ※ 황금비율
>
> 가장 많이 사용되는 비율로 일반적으로 가장 아름답고 조화롭게 이루어진 분할법의 비례이다. 황금 분할점은 1:1.618의 비례이며, 황금분할이 잘 이루어진 디자인은 보는 사람에게 안정감을 느끼게 한다. 가장 기본적인 비율로는 짧은 길이와 긴 길이의 비율, 긴 길이와 전체 길이와의 관계 3:5:8:13:21…의 연속적인 분할이다.

(3) 통일 Unity

부분 부분이 모여서 하나로 완성되어있는 상태를 말한다. 통일감을 주는 기법으로는 같은 색이나 형태, 소재 등의 반복으로 통일감을 준다.

(4) 균형 Balance

시각적 무게감을 동등하게 분배하여 안정감을 꾀하는 원리이다. 물리적 균형은 중심축을 기준으로 디자인 구성요소 간의 실질적인 무게를 말하고, 시각적 균형은 시각적으로 느끼는 균형감으로 색, 질감의 영향을 받으며, 물리적 균형보다 더 중요하다. 대칭 symmetric 균형은 기하학상의 중심을 축으로 하여 작품을 구성하는 것으로 축의 좌우가 완벽하게 반복되어야 하며, 비대칭 asymmetric 균형은 전혀 다른 요소를 좌우로 배치하여 양쪽 모두 동일하게 주목을 끌게 하는 균형으로, 기하학적 중심에서 벗어난 위치에 관련된 여러 가지 개체의 크기, 형태, 무게, 거리 등 서로 다른 요소가 자연스럽게 배치하는 것을 말한다.

(5) 율동감 Rhythm

유사한 형 形 들이 일정한 규칙과 질서를 유지할 때 나타나는 느낌으로 시각적 운동감이다. 비슷한 색, 형태, 조직, 선 등의 반복과 형태나 색의 단계적 변화로 나타낸다.

(6) 강조 Accent

작품에 대한 흥미 유발과 주의를 끌 수 있는 가장 좋은 방법으로 강조요소가 지나치게 압도적이어서는 안 되고 구성의 일부로 존재해야 한다. 꽃 구상에서는 시작 전에 계획해 두는 것이 좋다.

(7) 조화 Harmony

디자인의 핵심적 원리로, 둘 이상의 디자인 요소들이 인접하거나 결합하였을 때 서로 배척하지 않고 통일된 전체로서 잘 어울리는 현상이다. 작품이 놓이게 될 전체 공간과의 조화도 고려해야 한다.

(8) 대비 Contrast

대비란 서로 다른 성질을 가진 색채나 형태, 또는 질감과 구성에 있어서의 강한 대비가 하나의 작품에 있어서는 전체적인 통일을 이루어야 한다. 작품에 있어서 균형과 밀접한 연관을 지닌 대비는 조형의 요소로서 구성적 대비와 양적인 대비, 형태적 대비, 질감적 대비, 색채적 대비를 들 수 있다.

② 디자인의 요소

(1) 선 Line

디자인의 골격과 구조 형성에 중요한 역할을 하며 선의 방향성은 시선을 유도하여 리듬감을 부여한다.

(2) 형태 Form

물체나 공간의 3차원적인 측면으로 화훼장식에서 소재나 디자인의 외형, 외곽선으로 나타난다.

(3) 공간 Space

공간은 양화적 공간, 음화적 공간, 빈 공간으로 구분할 수 있다. 음화적인 공간과 빈공간은 디자인의 형태에 큰 영향을 준다. 디자인의 혼잡을 제거하고 다른 구성요소를 강조한다. 공간의 반복으로 리듬 표현이 가능하다.
① 양화적 공간; 작품에서 소재로 채워진 공간
② 음화적 공간; 작품에서 소재와 소재사이의 빈 공간으로 계산된 공간

(4) 깊이 Depth

줄기의 각도조절, 소재 겹치기, 소재의 장. 단 배치, 크기나 색, 명도, 질감 등의 변화를 이용하여 깊이감을 연출한다.

(5) 질감 Texture

어떤 물체가 지니는 시각적, 촉각적 표면의 특징이다. 질감의 혼합을 통해 깊이감과 시각적 다양성을 주고 조화와 통일감 혹은 강조의 효과와 흥미를 유발한다. 디자인의 균형에 영향을 미친다. 고운질감은 시각적으로 멀어지는 느낌을 주고 거친 질감은 앞으로 나오는 느낌을 준다. 거칠다, 부드럽다, 반짝인다, 밋밋하다 등

(6) 색채 Color

① 사물의 색채와 형태, 질감 중 우리 눈에 가장 먼저 들어오는 것이 색채이다.

② 색 80% > 형태 15% > 질감 5%

③ 누구나 주목할 수 있는 유일한 시각적 요소가 되므로 디자인에 있어서 중요한 부분을 차지한다.

④ 색은 균형, 깊이, 강조, 리듬, 조화 및 통일을 이루는 데 사용된다.

⑤ 플라워 디자인의 시각적 성공은 주로 색과 색의 관계에 달려있다.

색의 3속성

색상(Hue)	빛의 파장 자체로 빨강, 노랑, 파랑 등 다른 색과 구별되는 고유의 특성이다. 다양한 색상을 계통적으로 둥글게 배열한 것을 색상환이라고 한다.
명도(Value)	색의 밝고 어두운 정도로 유채색과 무채색에 모두 존재한다. 가장 밝은 흰색부터 가장 어두운 검은색까지 고명도, 중명도, 저명도로 구분한다.
채도(Chroma)	색의 순수도, 즉 맑고 탁한 정도 포화도 를 나타낸다. 색은 무채색이나 다른 유채색을 혼합할수록 채도가 낮아진다.

CHAPTER 02 동양 꽃꽂이

① 화형의 특징

⑴ 자연의 산물인 나무 목본성 , 풀 초본성 , 돌 등 자연에서 얻을 수 있는 재료들을 이용하여 주어진 공간에서 자연을 축소해 놓은 듯한 절제의 미를 추구하는 예술이다.

⑵ 수반이나 꽃병에 꽂아 작가의 정서적 표현능력에 따라 자유롭게 디자인할 수 있는 화형이다.

⑶ 꽃을 꽂을 때는 모든 식물의 형태를 점, 선, 면, 뭉치로 구분하고 있으나 자라나는 모습이 수직으로 자라고 있는 형태는 직립형 바로세우는형 , 옆으로 기울여 자라는 경사형 기울이는형 , 아래로 흘러내리는 하수형으로 구분되어 진다.

⑷ 화형을 구성하는 데 있어서 주지는 기본골격을 이루는 3개의 선을 말하며 이 세 개의 주지는 작품의 높이와 폭, 길이를 나타내는 중요한 역할을 한다.

⑸ 깔끔하고 단순한 선, 따뜻한 인간미 표현, 공간의 여백 강조, 동양적인 선의 미학, 정신적인 편안함, 자연적인 소재 및 색채, 질감 등을 특징으로 한다.

② 화형의 종류

직립형(바로세우는형)	1주지의 각도가 0~15°로 세워진 형
경사형(기울이는 형)	1주지의 각도가 45~60°로 기울어진 형
하수형(흘러내리는 형)	1주지의 각도가 90~180°로 흘러내리는 형

③ 화형의 구성

구분	상징	표시부호	역할
제1주지	천 天	○	높이
제2주지	지 地	□	너비
제3주지	인 人	△	부피
종지		T	조화

④ 주지의 길이

1주지의 길이	(수반의 폭 + 높이)의 1.5 ~ 2배
2주지의 길이	1주지의 3/4
3주지의 길이	2주지의 3/4
종 지의 길이	각 주지보다 짧게 개수는 제한 없음

⑤ 물 올리는 방법

물속 자르기	물속에서 2~3cm를 잘라 내는 법 공기유입 대신 물 제공
흡수 면적 넓히기	줄기 끝 사선 자르기
수분 증발 방지	젖은 천이나 종이로 싸주기
탄화처리	줄기 절단면을 태운 후 찬물에 담그기
열탕처리	끓는 물에 수초 간 담갔다 꺼내어 처리

⑥ 주지의 위치

⑦ 침봉의 위치

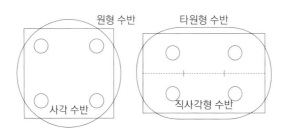

⑧ 주지의 길이

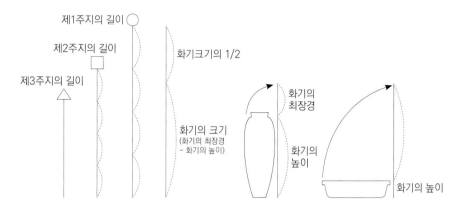

⑨ 주지의 각도와 방향

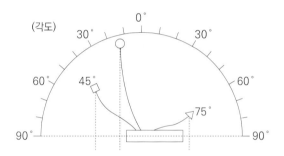

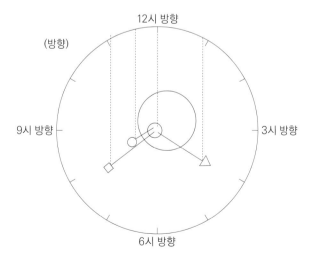

CHAPTER 03

서양 꽃꽂이

① 특징

(1) BC 29세기경 고대이집트시대부터 시작하여 시대적 전통적으로 발달하여 내려오는 Western Style은 20세기에 들어와서 미국을 중심으로 눈부시게 발달하여 왔다. 그 때문에 American Style이라고도 한다.

(2) 꽃과 잎의 형태에 따라서 둥글고 방사형인 줄기 배열이 특징이었으나, 동·서양의 영향을 받아 기하학적인 모양으로 형태가 바뀌었다.

(3) 서양 예술이나 문화가 갖는 특징에 따라 생활환경에 맞는 장식성이 강조된다.

(4) 다양한 형태의 꽃을 사용하여 상업적으로 활용되고 있는 기하학적인 형태의 구성 양식이다.

(5) 소재 개개의 모습보다는 소재가 어우러진 전체모습의 양감적 디자인으로 발전되어 오다가, 세계적인 문화 교류로 인한 동양화예의 아름다운 선과 합쳐져서 선과 양의 두 가지가 복합된 현대식 디자인이 만들어졌다.

(6) 20세기 중반까지의 스타일로 전통적인 기하학적인 형태를 기초로 한 전통적 스타일 Classic Style , 웨스턴 스타일의 전통 고전 디자인의 응용인 현대 스타일 Morden Design Style , 고전에서 벗어나 자연에 눈을 뜨기 시작하면서 기하학적 구성의 스타일에 대항하여 점차적으로 발전된 유러피언 디자인이 있다.

② 전통적 디자인 양식

구분	형태	특징
직선형 구성	수직형 Vertical	직선적인 힘과 남성적임 수직적인 높이를 강조하는 구성
	V자형 V-style	예리함 수직형 두 개가 마주 보는 형태
	L자형 L-style	예리하고 인상적임 수직과 수평의 결합형태
	역T자형 Inverted-T	간결하고 안전함 음화적 영역 최소화(좌우대칭 형)
	삼각형 Triangular	간단하고 실용적임 무게 중심축 삼각형 가운데 위치
	사각형 Square	중후함 화려한 사각형 구성
	다이아몬드형 Diamond	차분하고 견고함 네 변의 길이가 같은 마름모꼴 형태
	대각선형 Diagonal	세련됨 면보다 선을 강조하는 디자인
곡선형 구성	수평형 Horizontal	잔잔함 높이보다 너비가 강조된 횡적 확산감
	초승달형 Crescent	신비적인 미관 둥근형의 일부로 곡선의 형태
	S자형 Hogarth	동적이며 안정됨 아래로 흘러내리는 듯한 곡선
	타원형 Oval	차분하고 온화함 달걀형 구성형태
	부채형 Fan	화려함 부채꼴 형태
입체형 구성	반구형 Dom style	귀엽고 원만함 구를 반으로 자른 듯 표현되는 형태
	원추형 Byzantine Cone	간결하고 실용적임 나무가 서 있는 모습의 구성형태
	피라미드형 Pyramid	화려함 삼각형을 입체감 있게 구성한 형태
	토피어리형 Topiary	"토피아(topia)"에서 유래 기하학적인 모양의 구형, 원뿔 등 다양한 형태로 제작 귀엽고 즐거움

③ 현대적인 디자인 양식

구분	디자인	특징
고전적인 디자인	밀드플레르 Mille Fleurs	많은 꽃, 수천 송이의 꽃들이란 의미 대칭적이고 패턴화된 소재들과 색의 배합
	비더마이어 Biedermeir	꽃들을 촘촘하게 구성하여 매스를 강조한 형식적인 돔형의 어레인지먼트를 압축한 양식
	피닉스 Phoenix	베이스 부분이 원형으로 빽빽한 디자인 중앙에서 긴 소재들을 꽂아 불꽃을 표현
	폭포형 Waterfall	유럽에서 신부용 부케로 만든 폭포수를 표현한 양식
	더치 플레미시 Dutch Flemish	다양한 꽃들과 식물 소재들로 가득하면서도 패턴의 반복이 거의 없다.(조개, 과일, 벌레)
자연적인 디자인	보태니컬 Botanical	식물의 생장과정에서 뿌리에서 잎, 봉오리, 꽃, 낙화 등과 같은 각 부분 표현
	식물생장적 Vegetative	식물이 생장하는 모습과 식물의 개성을 중시
	조경적 디자인 Landscape	정원 풍경처럼 구성하는 디자인으로 병행구성, 구루핑 등을 이용하여 정원처럼 인위적으로 재구성
선형 디자인	뉴 컨벤션 디자인 New Convention	수직의 선들을 중심으로 직각으로 옆면, 뒷면, 정면에 반사된 것처럼 구성
	평행 시스템 Parallel System	소재들이 병행 배치되며 수직적으로 구루핑 되고 비대칭 구성
	선형적 디자인 Formal Linear	소재의 선과 형태의 대비를 강조하여 긴장감 있게 표현 하나의 생장점
실험적 디자인	쉘터드 디자인 Sheltered	소재들이 보호를 받는 듯한 인상을 주는 디자인 화기 안에서 제한된 반경을 지닌 양식
	추상적 디자인 Abstractive	소재들을 비사실적이고 추상적으로 자유롭게 구상한 양식
	뉴 웨이브 디자인 New Wave	작가의 상상력을 최대한 허용한 현대적이고 새로운 양식 소재들을 독특하고 색다른 구성으로 표현
	파베 디자인 Pave	보석 박듯이 꽃을 평면에 빽빽하게 꽂는 디자인

④ 유러피언 디자인 양식

구분	디자인	특징
전통 유러피언 디자인	생장적 디자인 Vegetative Design	자연의 특성과 환경에 최대한 가까운 형태로 표현한 것(자연적 구성) 소재의 고유한 가치, 형태, 리듬감, 표현 등 자연의 법칙 최대한 고려
	장식적 디자인 Decorative Design	식물이 가지고 있는 자연의 생태적인 형태와 상관없이 인위적으로 재구성하는 디자인 기술적인 면 이용하여 완전히 새로운 개체 창조
	선형적 디자인 Formal-Liner Design	식물 소재의 형태나 선을 대비하여 강조하는 구성 형태 형태와 선이 명확히 돋보이게 하는 구성 소재의 양, 종류 최소한 제한 사용
	평행적 디자인 Parallel Design	소재의 배치상 대부분의 소재가 병행으로 배열 각각의 소재 고유한 생장점 시각적으로 평행이 작품에서 80% 이상
현대 유러피언 디자인	구조적 구성 Structural Composition	각각의 소재가 가지는 형태, 크기, 색, 재질 등 표면 구조의 효과를 전면에 부각시키는 구성 방법
	오브제적 구성 Object Composition	식물이나 식물의 부분을 원래의 자연적인 형태로부터 분리시켜 오브제적으로 표현 하는것
	평면구성 Two Dimensional	아크릴, 나무로 만들어진 틀이나 골조안에 생화 또는 보존화의 다양한 소재를 붙여서 평면으로 구성(2차원적)
	도형적 구성 Graphische	선이나 형태를 통해 디자인 전체가 도형화된 구성 매우 인위적인 구성으로 명확하고 추상적이며 비대칭을 선호하고 반드시 교차가 있는 구성

CHAPTER 04

꽃다발

'꽃묶음'이라는 의미로 증정용 꽃다발 Presentation Bouquet 과 신부 부케 Bridal Bouquet 로 구분되어 진다.

1. 기원

18세기경 영국 조지안 시대 Georgian period 에는 꽃과 식물의 향기가 질병과 악귀를 물리치는 신비한 힘이 있다고 생각해서 '노즈게이' Nosegay 또는 '터지머지' Tuzzy Muzzy 라는 꽃다발을 손에 들고 다녔다. 19세기 말 빅토리안 시대에는 청혼의 메시지로도 발전되어 사용되었고, 최근에는 상업적인 다양한 형태의 선물용 꽃다발로 가장 널리 사용되는 화훼장식품 중의 하나이다.

2. 증정용 꽃다발(Presentation Bouquet)

이용 및 제작 방법을 함께 고려한 꽃다발의 유형

① 꽃다발의 종류

(1) 번치 부케 Bunch Bouquet

단순히 꽃 머리를 일렬로 정리하듯 만든 것으로 만들기 간단하고 특별한 장식 기술이 필요하지 않은 단순한 꽃다발이다. 꽃의 양이 많을 때나 꽃의 숫자에 의미를 부여하는 상품을 주문 제작할 때 디자인된 박스에 넣어 판매하기도 한다.

(2) 캐쥬얼 부케 Casual Bouquet

암부케 Arm Bouquet 라고도 하며 번치부케에 꽃과 잎을 더 첨가한 꽃다발이다. 꽃 머리가 펼쳐지게 제작되는 캐쥬얼 부케는 꽃을 한쪽 방향에서만 감상할 수 있고 키가 큰 꽃다발이다.

(3) 핸드타이드 부케 Handtied Bouquet

꽃을 모아 줄기를 끈으로 묶어 다발로 만드는 형태로 증정받았을 때 받은 상태로 용기에 꽂아도 꽃다발의 형태가 그대로 유지되며 장식성 있게 제작된 작품을 그대로 감상할 수 있는

장점이 있다. 꽃다발의 관상기간도 연장해주며 장식 수준도 높일 수 있어 각종 꽃 예술 경연
대회에서 필수 항목으로 들어있다.

② 줄기 제작방법

(1) 나선형 Spiral
줄기를 같은 방향으로 사선이 되도록 계속 끝까지 돌려가며 제작하는 방법으로 묶음점
binding point 이 하나인 경우가 대부분이다.

(2) 평행형 Parallel
모든 줄기를 수직이 되도록 직선으로 구성하는 방법으로 묶음점 Binding Point 이 여러 개로
소재의 색상, 간격, 굵기 등을 디자인할 수 있다.

③ 제작 시 주의 사항
① 제작 전 모든 소재를 종류별로 구분하여 놓는다.
② 줄기가 긴 소재의 선택과 가는 줄기의 표정이 좋은 꽃을 선택한다.
③ 처음 시작한 사선의 나선형 방향을 그대로 유지한다.
④ 묶음점 binding point 을 그대로 유지한다.
⑤ 묶는 소재는 부드럽고 단단한 거친 끈이나 라피아 종류의 선택으로 풀어지거나 흘러내리지
   않도록 제작한다.
⑥ 소재의 길이는 같은 길이로 길게 자른다.
⑦ 줄기는 칼로 비스듬히 사선 자르기 한다.
⑧ 묶음점 binding point 을 끈으로 묶을 때는 한곳을 깨끗하고 단단하게 묶어줘야 하며 고리가
   풀려질 위험이 있으므로 절대로 고리 모양으로 묶지 않는다.
⑨ 빠른 제작 시간은 신선도 유지에 도움을 준다.
⑩ 증정 시에는 세심한 마무리 작업이 필요하다.

3. 신부 부케(Bridal Bouquet)

① 부케의 종류

(1) 형태별 분류

원형 Round , 폭포형 Cascade , 삼각형 Triangular , 초승달형 Crescent 등 다양한 형태가 있으며, 가장 선호하는 색은 흰색이지만 지금은 다양한 색상을 사용한다.

① 라운드 Round 부케

원형의 부케로 가장 기본적인 형태의 부케이다.

② 케스케이드 Cascade 부케

원형을 중심으로 아래쪽에 갈런드 Garland 를 연결하여 물이 흘러내리는 듯한 폭포 모양으로 원형이 길어진 형태이다.

③ 워터플 Water fall 부케

방사형 디자인의 한 양식으로 폭포수가 떨어지는 모습에서 착안 되어진 디자인의 부케이다.

④ 크레센트 Crescent 부케

원형의 중심 부분 좌우에 두 개의 갈런드 Garland 를 연결한 초승달의 형태이다.

⑤ S자형 Hogarth 부케

두 개의 길이가 다른 갈런드 Garland 를 S자 형태로 연결한 부케이다. 두개의 갈런드 Garland 의 비율은 비대칭으로 구성해 준다.

⑥ 삼각형 Triangular 부케

원형을 중심으로 길이가 다른 세 개의 갈런드 Garland 를 연결하여 삼각형의 형태로 구성하는 부케이다.

⑦ 샤워 Shower 부케

주로 작은 꽃줄기를 그대로 사용하여 다발로 묶고, 얇은 리본의 끝에 꽃이나 잎을 매달아 샤워기의 물줄기처럼 길게 늘어뜨린다.

(2) 기술적 분류

① 와이어링 Wiring 테크닉

영국식 테크닉으로 꽃줄기와 잎을 꽃받침의 2~3cm 아래에서 잘라 철사로 처리한 후 테이핑 한다. 장식적이고 인위적이지만 가벼운 장점이 있다.

② 내츄럴 스템 Natural Stem 테크닉

자연 줄기를 그대로 묶어서 다발 형태로 만든 부케이다. 줄기 배열은 직선, 나선형 모두 가능하다.

③ 혼합 Mixed 테크닉

철사 처리한 것과 자연줄기를 적당히 섞어서 만든 부케이다.

④ 폼 홀더 Form Holder 테크닉

폼 홀더에 꽃을 꽂아 수분유지 시키는 방법이다. 제작 방법이 간단하고 작업 시간을 단축 할 수 있는 장점이 있지만 들었을 때 무거운 것이 단점이다.

⑶ 사용 목적에 따른 분류

① 브라이들 부케 Bridal Bouquet : 신부가 결혼식 때 드는 부케

② 고잉 어웨이 부케 Going Away Bouquet : 신혼여행용 부케

③ 쇼 부케 Show Bouquet : 부케 쇼나 피로연 부케

④ 플라워 걸즈 부케 Flower Ggirl's Bouquet : 꽃을 뿌리는 소녀가 드는 부케

⑤ 브라이즈 메이드 부케 Bride's Maid's Bouquet : 들러리용 부케

② 제작 방법

① 사용 목적을 정확히 파악한다.

② 부케를 드는 신부의 모든 조건을 고려하여 소재의 선택과 부케의 형태 그리고 구성 방법을 결정한다.

③ 아름답고, 들기 쉽고 가볍게 디자인되어야 한다.

④ 손에 들었을 때 전후, 좌우의 중량 적 균형이 맞아야 한다.

⑤ 정면과 측면의 균형과 구성이 잘 이루어 져야 한다.

⑥ 옷에 물이 묻지 않도록 물 처리를 잘하고, 와이어링 제작 시 신부의 손과 드레스에 상처가 입지 않도록 철사 끝 처리를 안전하게 해야 한다.

⑦ 꽃은 물올림 처리를 반드시 하도록 한다.

⑧ 제작 시간은 가능한 빠르게 하도록 한다.

⑨ 손잡이의 굵기와 길이는 신부에게 알맞게 제작해야 하며, 깨끗하고 안전하게 마무리되어야 한다.

CHAPTER 05 꽃의 형태적 분류

꽃은 그 생긴 형태에 따라서 네 가지의 형태, 즉 라인 플라워 Line Flower, 매스 플라워 Mass Flower, 폼 플라워 Form Flower, 필러 플라워 Filler Flower 로 나눌 수 있다. 꽃뿐만 아니라 모든 종류의 잎이 나 관엽식물도 이 네 가지 형태에 속한다.

① 라인 플라워 Line Flower

① 꽃줄기가 곧고, 키가 크며 줄기에 따라 작은 꽃이 피는 종류로서 플라워 디자인의 골격 외곽선 을 구성할 때 사용한다.

② 스토크, 리야트리스, 용담, 글라디올러스, 델피늄, 금어초 등이 있다.

② 매스 플라워 Mass Flower

① 작품의 외곽에서 초점으로 향하여 꽂아가는 작품 구성에서 디자인의 양감을 표현하고 면을 만들어주는 역할을 하는 꽃으로 많은 꽃잎이 한 덩어리로 된 꽃송이로 크고 둥근 형태의 꽃을 말한다.

② 해바라기, 장미, 국화, 카네이션, 수국, 다알리아, 작약 등이 있다.

③ 폼 플라워 Form Flower

① 크고 개성적인 꽃으로 선이나 면이 독특한 형태를 지니고 있어서 보통 작품의 초점에 꽂아 시각상의 초점 focal point 이 되게 꽂는 꽃이다.

② 한 장의 꽃잎만 없어도 그 꽃의 형태가 변하는 꽃이다.

③ 칼라, 극락조화, 안시륨, 백합, 아이리스, 카틀레아, 튤립, 양란 등이 있다.

④ 필러 플라워 Filler Flower

① 한 줄기 또는 여러 줄기에 작은 꽃 들이 밀집되게 붙어있는 형태로 꽃과 꽃 사이를 연결해 주며 빈 공간을 채워주거나 입체감을 줄 때 사용한다.

② 과꽃, 패랭이, 에리카, 소국, 스타티스, 안개꽃, 미스티블루, 세듐 등이 있다.

⑤ Green의 형태 분류

Line Green	잎새란, 네프로네피스, 양골담초
Mass Green	동백, 레몬잎
Form Green	몬스테라, 엽난, 시프러스, 칼라디아
Filler Green	아스파라가스, 편백, 회양목

시험에 주로 사용되어지는 소재 Ⅰ	장미, 공작초, 거베라, 카네이션, 리시안서스, 백합, 용담, 맨드라미, 알스트로메리아, 안스리움, 소국, 스톡
시험에 주로 사용되어지는 소재 Ⅱ	오리나무, 금사철, 화살나무, 설유화, 탑사철, 다래덩쿨, 말채, 버들, 청미래덩쿨, 곱슬버들, 유칼립투스, 노박덩쿨
시험에 주로 사용되어지는 소재 Ⅲ	필로덴드론, 루모라고사리, 코르딜리네, 명자란, 엽란, 아스파라가스, 잎새란, 루스커스, 호엽란, 네프로네핍스, 레몬잎, 몬스테라

CHAPTER 06

화훼장식 제작 기법

① 베이싱 기법 Basing Method

디자인에서 베이스가 되는 부분에 소재들을 배치하는 과정

(1) 테라싱 Terracing

같은 종류의 소재를 크기순으로 배치하여 반복적 효과를 나타내는 계단식 기법. 시각적으로 자연에서 식물이 생장하는 모습과 같이 식생적 디자인으로 표현 가능

(2) 파베 Pave

같은 종류의 색상이나 질감의 식물들을 보석을 박듯이 꽂아 질감을 강조하고자 할 때 많이 사용

(3) 필로잉 Pillowing

꽃이나 잎을 밀집되게 바짝 붙여서 모아 꽂고, 작은 언덕의 형태를 이루면서 나지막하게 꽂는 기법

(4) 스태킹 Stacking

소재들을 차곡차곡 위로 쌓아 올리는 기법. 공간 없이 다양한 높이로 쌓는 것이 특징

(5) 클러스터링 Clustering

무리 지어 한 덩어리를 이루는 것. 한 송이 혹은 한 줄기만으로는 작고 약한 것들을 색상과 질감이 같은 개체끼리 함께 묶어 무리 지어주면 강한 이미지 표현 가능

(6) 레이어링 Layering

"층을 쌓다"라는 뜻으로써 공간 없이 빽빽하게 겹쳐 쌓는 기법

(7) 터프팅 Tufting

베이스의 거친 질감의 소재들을 굴곡 있게 꽂아 주거나 낮게 덮는 기법

② 소재결합 기법 Uniting Method

여러 가지 소재를 결합시키거나 매는 방법

(1) 바인딩 Binding

스스로 지탱할 수 없는 소재끼리 결속시켜 물리적으로 단단히 묶는 것 기능적

(2) 밴딩 Banding

장식적인 목적으로 시선을 끌기 위해 특정 부분을 감싸거나 묶는 방법

(3) 번들링 Bundling

볏단이나 건초와 같이 다발을 만들기 위해 비슷하거나 같은 소재들을 모아 한 지점을 단단하게 묶는 기법

(4) 랩핑 Wrapping

리본, 라피아 등으로 줄기가 보이지 않게 감싸주는 기법, 장식적 효과

(5) 번칭 Bunching

비슷한 재료를 함께 고정해서 여러 송이를 묶어 꽂기 좋게 만드는 기법

③ 와이어링 기법 Wiring Method

(1) 피어싱 Piercing Method / 옆으로 펼쳐 고정하기

카네이션이나 장미 등 꽃받침 부분이 발달하여 단단한 꽃 종류에 와이어를 줄기 부분에 직각으로 찔러 넣어 두 가닥이 되게 구부린다.

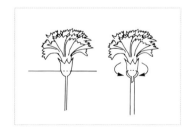

(2) 크로스 Cross Method / 십자 모양으로 찔러 구부리기

꽃의 씨방이나 꽃받침 부분에 두 개의 와이어를 줄기와 직각으로 십자가 되도록 찔러 넣어 구부린다.

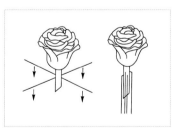

(3) 후킹 Hooking Method / 갈고리 모양으로 구부리기
꽃의 중심부에서 철사를 위로부터 찔러 넣어 갈고
리 모양으로 구부려 끝 부분이 꽃 속에 묻혀 보이지
않을 때까지 아래로 당긴다.

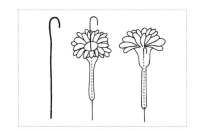

(4) 인서션 Insertion Method / 줄기 속에 찔러 넣는 방법
줄기가 약하거나 속이 비어있는 꽃의 줄기를 그대
로 살리고 싶을 때 철사를 줄기 속으로 찔러 넣는
기법이다.

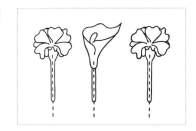

(5) 헤어핀 Hairpin Method
와이어를 머리핀 모양으로 구부려 잎이나 꽃에 꽂
아 보강하는 기법이다.

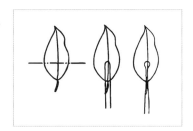

(6) 소잉 Sweing Method / 바느질 기법
잎이나 꽃잎을 바느질하듯이 와이어로 꿰매는 기법
이다.

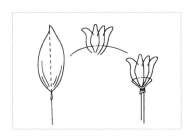

(7) 익스텐션 Extension Method
길이가 부족할 때 와이어를 연장하여 단단히 해 주
는 기법이다.

⑻ 시큐어링 Securing Method
약한 줄기를 보강해 주거나 줄기를 구부릴 때 줄기
를 보강하기 위해서 사용하는 기법이다.

⑼ 루핑 Looping Method
와이어 끝을 둥근 고리 모양으로 구부려서 아래로
끌어내려 고정시키는 기법이다.

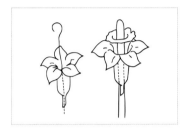

⑽ 트위스팅 Twisting Method
작은 가지나 작은 꽃, 리본 등에 와이어를 감아 내
리는 기법이다.

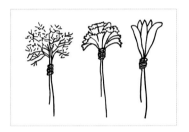

Part 2

화훼장식기능사 실기
디자인 실무

동양
꽃꽂이
CHAPTER 1

01 직립 기본형(바로 세운 형)

세 주지의 선 중 1주지가 직립으로 서는 형이다.

시험시간
30
MINUTE

 특징

- 1주지는 0~15°로 전후좌우로 움직일 수 있다.

- 2주지는 왼쪽 앞 옆에 정면과 측면에서 보아 수직선에서 45°(40~50°) 각도이다.

- 3주지는 오른쪽 앞 옆에 75°(70~80°) 각도로 꽂는다.

소재

금사철 ----------

풍선초 ----------

메리골드 ----------

소국 ----------

몬스테라 ----------

소국

금사철

풍선초

메리골드

몬스테라

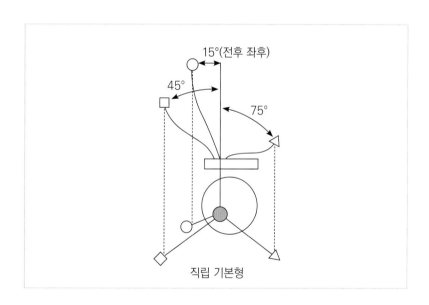

15°(전후 좌후)

45°

75°

직립 기본형

TIPS

• 침봉에 꽂는 줄기는 깨끗이 정리하여 소재를 고정할 때 방해받지 않게 주의한다.

제작과정

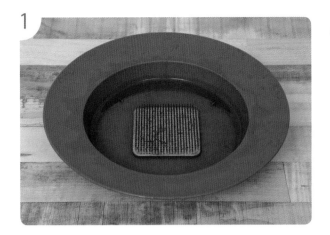

원형의 화기에 침봉을 중앙에 배치한다.

금사철 선을 정리하여 1, 2주지를 꽂고 몬 스테라 잎으로 3주지를 꽂아준다.

각 주지 옆으로 주지보다 짧은 선을 이용하 여 각 주지의 한줄기에서 나온듯한 모습으 로 종지를 꽂아준다.

4

각 주지의 발에 붙여 풍선초를 부등변삼각형이 되도록 연결하여 꽂아준다.

5

메리골드와 소국으로 입체감을 주고 침봉을 가려주며 작품을 완성한다.

02 경사 기본형 (기울이는 형)

1주지가 좌우 측 어느 한쪽으로 기울어지는 형이다.

시험시간
30
MINUTE

 특징

- 1주지는 왼쪽 앞 옆에 정면과 측면에서 보아 수직선에서 45°(40~50°)로 꽂는다

- 2주지는 0~15°로 전후좌우로 움직일 수 있다.

- 3주지는 오른쪽 앞 옆에 75°(70~80°)로 꽂는다.

소재

설유화

장미

소국

레몬잎

베로니카

구상도

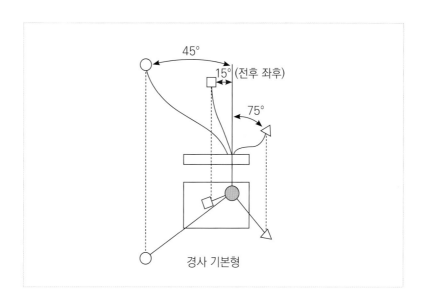

경사 기본형

TIPS

• 사용되는 소재의 선은 곡선의 아름다움을 표현할 수 있는 소재의 선택이 유리하다.

• 1주지와 2주지의 공간을 살려 1주지 선의 아름다움을 잘 나타내도록 한다.

• 종지는 각 주지에서 붙어 나온 것처럼 꽂아준다.

사각형 화기의 오른쪽 위 3/4지점에 침봉을 배치한다.

설유화 라인을 정리하여 1, 2, 3주지를 꽂아준다. 각 주지의 옆으로 마치 한줄기에서 나온듯한 모습으로 종지를 주지보다 짧게 꽂아준다.

베로니카를 주지의 안쪽으로 부등변삼각형을 이루며 꽂아준다.

4

장미를 입체감 있게 부등변삼각형 안으로 주지와 연결하여 꽂아준다.

5

소국을 꽂아 채워주고 침봉을 가려 마무리 한다.

서양 꽃꽂이
CHAPTER 2

01 수직형 Vertical Style

가장 기본적 형태 중 하나로 화기의 폭을 벗어나지 않으며 넓이보다 높이를 강조한 디자인이다.

일반적으로 화기 길이의 1.5~2배 정도의 높이를 이룬다.

시험시간
30
MINUTE

 특징

• 위로 상승하는 느낌을 준다.

• 길이가 긴 화병을 사용함으로써 수직선을 더욱 부각시킬 수 있다.

• 벽 쪽 장식에 좋은 형태이다.

소재

탑사철
장미
미니거베라
소국

구상도

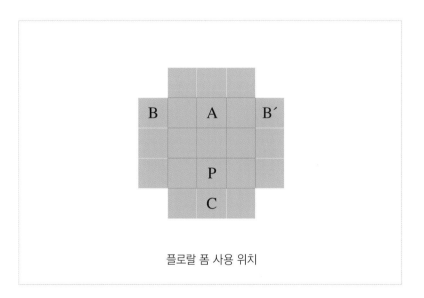

플로랄 폼 사용 위치

TIPS

- 중심꽃은 사용할 소재 중에서 크고 아름다운 꽃으로 선택하여 사용한다.
- 화기와 공간의 크기를 생각하며 전체의 높이를 결정한다.
- 수직선은 5°~10°정도 뒤로 눕혀 사용하는 것이 안정감을 줄 수 있다.

제작과정

1

폼을 화기 위로 3~5cm 올라오게 고정하고 탑사철을 폼 뒤쪽 2/3지점 A에 5°~10° 뒤로 기울여서 꽂아주고, B와 B´에는 화기를 너무 벗어나지 않는 길이로 화기에 올려지 듯이 꽂아준다. 중심이 되는 장미는 P위치에 45° 정도로 기울여 꽂아준다.

2

수직 형태로 구성된 탑사철 안쪽으로 장미를 꽂아준다.

3

미니거베라를 꽂아 수직형의 외형을 완성한다.

4

• 측면에서 본 모습

전체적으로 5°~10° 뒤로 기울여 작업하여
안정감을 더해준다.

5

소국으로 빈 공간을 채워주며 작품을 완성
한다.

서양 꽃꽂이 CHAPTER 2

02 L자형 L- Shape Style

알파벳 L자의 형태로 긴 수직선과 수평선이 결합된 형태이다.

음화적 영역은 최소화된다.

시험시간
30
MINUTE

 특징

- 수직과 수평의 결합으로 안정감, 균형감을 느끼게 한다.
- 외곽의 바깥 부분의 빈공간으로 인해 L자형이 더 뚜렷하게 보인다.

소재

스톡

미니거베라

소국

말채

루스커스

구상도

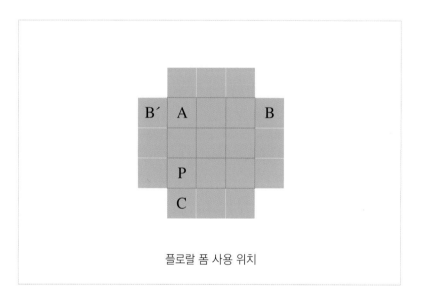

플로랄 폼 사용 위치

TIPS

- 수직과 수평이 만나는 곳의 꽃은 짧게 꽂아준다.
- 화기와의 비율이 잘 맞도록 구성한다.
- 중심, 수평, 수직의 꽃의 비율은 3 : 5 : 8이 이상적이다.

제작과정

화기보다 폼을 3cm 정도 높게 고정하고 말채의 곧은 선을 사용하여 폼 좌측 2/3 지점 A에 5°~10° 뒤로 기울여 꽂아준다. B의 말채는 폼 우측 측면에 화기와 수평이 되게, B´는 폼 좌측에 꽂아 B와 일직선이 되게 꽂아준다. 중심 꽃(P)의 미니거베라는 40°~45°로 A와 연결되도록 꽂아준다.

말채와 스톡을 꽂아 형태의 외형을 구성한다.

A와 B´는 직선이 되도록 구성해준다.

4

• 측면에서 본 모습

A를 뒤로 기울여 꽂으면 전체적으로 안정감을 줄 수 있다.

5

소국과 루스커스로 빈 공간을 채워서 형태를 완성해준다.

6

뒷부분도 폼이 보이지 않도록 루스커스를 꽂아 마무리해준다.

03 역T형 Inverted-T Style

수직선과 수평선으로 이루어지는 화형으로 알파벳 T의 거꾸로 된 형태이다.

시험시간
30
MINUTE

 특징

- 좌우 대칭이다.

- 양화적 영역으로 역T형을 표현한다.

- 음화적 영역은 최소화한다.

- 외곽선 바깥의 빈공간은 역T형을 더욱 뚜렷하게 보이도록 한다.

소재

장미

글라디올러스

미니거베라

아게라덤

루모라고사리

 구상도

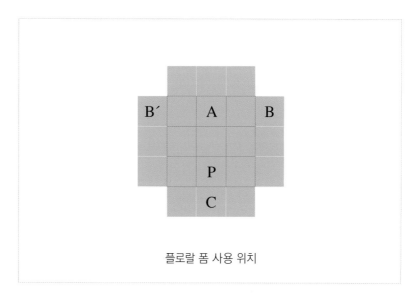

플로랄 폼 사용 위치

 TIPS

• 수직과 수평이 만나는 지점의 꽃은 짧게 꽂아 역T의 느낌을 더해준다.

• 중심 부분(P)은 지나치게 높지 않게 구성한다.

제작과정

1

플로랄 폼의 모서리를 깎아주고 글라디올러스 곧은 선을 선택해서 폼 중앙의 2/3 지점 뒤쪽 A에 5°~10° 뒤로 기울여 꽂고, B,B´는 A의 2/3 길이로 폼 좌우 측면 화기와 평행이 되도록 꽂아준다.

2

포컬(P)의 장미는 형태가 뚜렷한 꽃으로 40°~45°로 A와 연결되게 꽂아준다.

3

글라디올러스의 위쪽 끝 꽃이 잘 피지 않는 부분은 떼어줄 수 있다.

4

수직과 수평이 만나는 부분에 아게라덤을
짧게 꽂아 역T형의 외형을 구성한다.

5

외곽의 선은 직선이 되도록 구성한다.

6

형태에 맞추어 장미를 꽂아준다.

7

미니거베라를 추가하여 형태를 보충해주며 빈 공간을 채워준다.

8

• 측면에서 본 모습

뒤로 기울여 꽂아 전체적으로 안정감을 줄 수 있다.

9

빈 공간에 아게라덤과 루모라고사리를 꽂아 형태를 완성해준다.

10

뒤쪽의 폼 부분은 루모라고사리를 꽂아 마무리한다.

04 대칭 삼각형
Symmetrical Triangular Style

도형의 삼각형 윤곽으로 수직의 중심축을 기점으로 양쪽이 같은 형태, 모양, 색, 무게가 배치된다(시각적인 무게 중요).

정삼각형, 부등변삼각형, 직각삼각형 등으로 표현할 수 있다.

시험시간
30
MINUTE

 특징
- 중심축을 기점으로 좌우가 반드시 대칭이어야 한다.
- 안정적이고 장식적이다.
- 줄기 배열은 방사형 구성이다.

소재

쥐똥나무

스톡

해바라기

소국

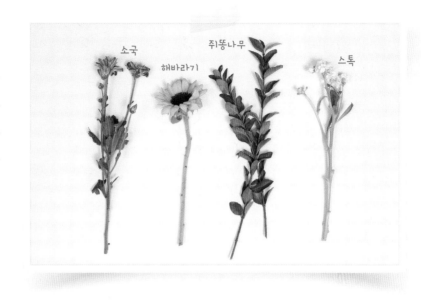

구상도

플로랄 폼 사용 위치

TIPS

- 화기의 비율을 생각하면서 길이를 정한다.
- 전체적으로 약 5°~10° 뒤로 기울여 균형을 준다.

제작과정

플로랄 폼 모서리를 깎아준다.

쥐똥나무의 선을 정리하여 폼 2/3 지점 뒤쪽의 A 위치에 5°~10° 정도 기울여 꽂고, 화기 측면 2/3 지점 B와 B´에 화기와 수평을 이루도록 꽂는다.

해바라기는 포컬(P)에 40°~45° 각도로 A와 연결하여 꽂아준다.

4

외곽선의 형태가 직선이 되도록 구성한다.

5

해바라기와 스톡으로 풍만감을 준다.

6

소국으로 빈 공간을 채워 형태를 마무리
한다.

서양
꽃꽂이
CHAPTER 2

05 수평형 Horizontal Style

수평이 강조된 형태이다.

편안하고 부드러운 이미지를 가지고 있으며 테이블 장식으로 많이 활용된다.

옆으로 길게 180°로 전개된 편면적 구성과 360°의 입체적 구성이 있다.

시험시간
30
MINUTE

 특징

- 좌우로 확산되어진 형태이며 중심 부분은 높지 않게 디자인한다.

- 대칭형과 비대칭형 모두가 가능한 형태이다.

소재

유칼립투스
장미
스톡
천일홍

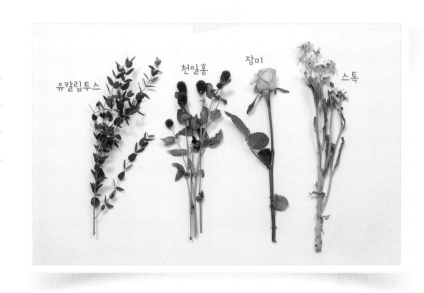

구상도

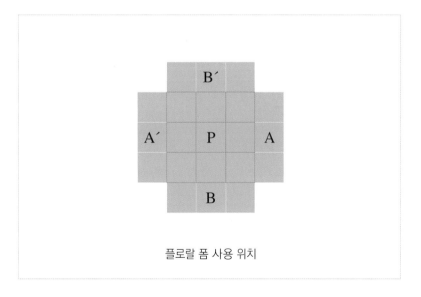

플로랄 폼 사용 위치

TIPS

• 중심 부분이 너무 높아지면 수평의 느낌이 감소한다.
• 그린 소재를 펼치듯이 채워주면 완만한 형태로 완성할 수 있다.
• 수평형의 긴 쪽 부분이 너무 위로 향하면 안정감이 떨어진다.

제작과정

1 플로랄 폼은 모서리 부분을 잘라 내고 화기에 고정한다.

2 유칼립투스를 플로랄 폼 A, A´, B, B´ 지점에 수평으로 꽂아 골격을 구성한다.

3 장미를 포컬(P)에 꽂는다.

4

스톡을 꽂아 수평의 외곽선을 구성한다.

5

장미와 스톡을 더 보충해주며 형태에 볼륨
감을 더해준다.

6

천일홍을 빈 공간에 채워주며 형태를 완성
해준다.

06 부채형 Fan Style

부채를 펼쳐놓은 것 같은 모습으로 방사형의 반원 모양의 형태이다.

포인트를 중심으로 좌우 대칭형이다.

시험시간
30 MINUTE

 특징

- 좌우 대칭으로 이루어지고 반원의 윤곽선을 갖는다.
- 옆에서 볼 때 앞뒤의 부피가 커지지 않아야 하며, 적당한 볼륨감 표현이 좋다.
- 일방형, 사방형 모두 표현 가능한 형태이다.

소재

거베라

리시안서스

루스커스

장미

소국

편백

구상도

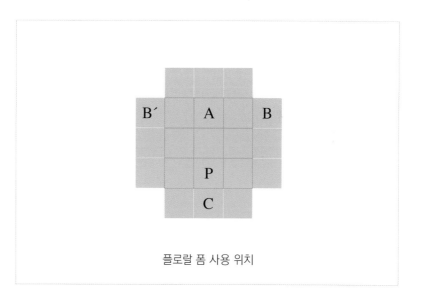

플로랄 폼 사용 위치

TIPS

• 중심축에 좀 더 많은 소재를 배치함으로써 형태를 더욱 뚜렷하게 표현할 수 있다.

• 플라워 폼을 중심축과 포컬 포인트의 꽃으로 사용하는 것이 효과적이다.

• 대칭 표현이 잘 이루어지도록 균형을 맞추어 꽂아준다.

• 펼쳐진 부채형상을 형태화한 것으로 외곽의 곡선에 유의한다.

1

플로랄 폼은 모서리 부분을 잘라내고 화기에 고정한다.

2

루스커스로 부채형의 골격을 구성해주고, 장미를 포컬(P)에 꽂는다.

3

장미를 부채형이 되도록 꽂아준다.

4

거베라를 꽂아 형태에 볼륨감을 더한다.

5

리시안서스와 편백으로 빈 공간을 채워 형
태를 완성한다.

6

뒷부분의 플로랄 폼이 보이지 않도록 편백
을 꽂아 마무리한다.

07 반구형 Dome Style

측면이나 정면에서 보았을 때 반구형이며 위에서 보았을 때는 원의 형태이다.

좌우 대칭으로 모든 줄기는 초점을 향한다.

주지의 길이에 따라 작품의 규모가 정해진다.

시험시간
30
MINUTE

특징

• 포컬 포인트는 작품의 중심에 위치한다.

• 전체적으로 자연스러운 둥근 형태가 유지 되도록 한다.

• 사방에서 감상할 수 있도록 제작한다.

소재

장미

리시안서스
(유스토마)

옥시

루모라고사리

구상도

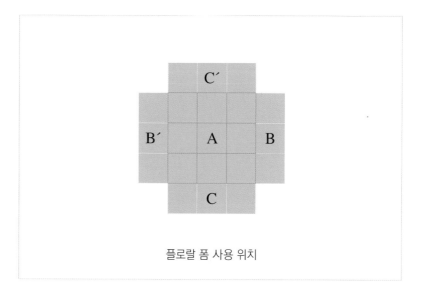

플로랄 폼 사용 위치

TIPS

- 형태의 안정감을 주기위해서는 크고 무거운 꽃은 안쪽으로 짧게, 가볍고 작은 꽃은 바깥쪽으로 꽂아주는 것이 좋다.
- 모든 소재의 줄기 방향은 중심을 향하도록 꽂는다.

1

플로랄 폼을 화기보다 3~4cm 높게 오도록
하여 화기에 고정하고 모서리를 잘라 낸다.

2

장미로 수직과 수평으로 이루어지는 원형
의 골격을 만든다.

3

리시안서스를 장미 사이에 꽂아 전체 형태
가 원형이 되도록 해준다.

장미와 리시안서스를 비슷한 길이로 꽂아 외곽선이 돔형이 되도록 한다.

빈 공간에 옥시와 루모라고사리를 꽂아 원형의 형태를 완성한다.

전체적으로 자연스러운 외곽선이 보이도록 부드럽게 제작한다.

꽃다발
Hand-Tied
Bouquet
CHAPTER 3

01 반구형 꽃다발 Round Style

자연 줄기를 이용한 원형의 구조물 안에 꽃 소재를 배치하여 이루어지는 꽃다발이다.

시험시간
50
MINUTE

 특징
- 보편적인 둥근 형태의 꽃다발로 줄기 배열은 나선형으로 제작한다.
- 구조물의 형태는 기능적 또는 장식적으로 제작할 수 있다.

소재

장미, 거베라, 리시안서스, 레몬잎, 말채

구조물 제작과정

말채의 부드러운 선을 선택해서 원형으로 만들어준다.

가지 하나를 곡선으로(U자) 구부려서 묶어준다.

같은 방법으로 U자 형태의 선을 만들어 사진과 같이 고정 시킨다.

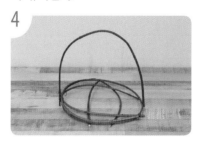

돔 형 구조물의 형태를 위해 위쪽으로 선을 연결해준다.

적당한 간격으로 세 개의 선을 연결하며 돔형의 구조물을 만든다.

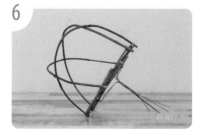

#18 철사를 플로랄 테이프로 감아 손잡이를 만들어 구조물을 완성한다.

TIPS

- 구조물 제작 시 두꺼운 줄기는 아랫부분이나 안쪽으로 사용하고 부드러운 줄기는 가장자리와 위쪽으로 사용한다.
- 소재를 구성할 때 전체적으로 잘 조화가 이루어지도록 배치한다.
- 묶음점(binding point)은 구조물의 바로 아래에 위치하도록 제작한다.
- 제시된 크기보다 구조물은 약간 작게 제작한다.
- 구조물을 제작하여 디자인할 때는 구조물의 형태가 너무 가려지지 않게 꽃을 넣는다.

꽃다발
Hand-Tied
Bouquet
CHAPTER 3

02 원추형 꽃다발 Cone Style

구조물의 아래쪽은 원형이고 측면은 대칭 삼각형을 이루는 입체 기하형의 구조물 꽃다발이다.

시험시간
50
MINUTE

 특징

• 원뿔 형태가 뚜렷한 꽃다발로 구조물에서 꽃들이 많이 벗어나지 않게 제작하여 운반하기 용이한 작품이다.

소재 곱슬버들, 카네이션, 소국, 루모라고사리

구조물 제작과정

1

곱슬버들의 부드러운선으로 원형을 만든다.

2

곧은 선을 이용하여 십자(+)로 묶어 준다.

3

부드러운 선으로 원을 하나 더 만들어 형태를 보완한다.

5

4

원형틀 중심 부분에 곱슬버들 가지를 세워 고정시킨다.

원형틀 가장자리에 곱슬버들 가지를 세워 고정시켜 원추형의 구조물을 완성한다.

TIPS

- 제시된 크기와 구조물 크기는 같게 제작하여야 한다.
- 묶음점(Binding point)은 단단히 묶어 디자인의 형태가 변하지 않도록 한다.

꽃다발
Hand-Tied
Bouquet
CHAPTER 3

03 코사지 Corsage

원래는 여인의 상반신이나 의복에 장식하는 작은 꽃묶음을 의미하였으나 지금은 신체 장식은 물론 장신구와 증정용 선물에 사용되는 작은 꽃묶음까지 포함한다.

시험시간
50
MINUTE

 특징 • 코사지의 형태는 다양한 기법을 이용하여 여러 가지 변화를 줄 수 있다.

소재

장미, 리시안서스, 레몬잎

제작과정

1

장미 1송이, 리시안서스 2송이, 레몬잎 3장을 형태에 맞추어 재단한다.

2

각각의 소재에 와이어링, 테이핑을 한다.

3

묶음점(binding point)을 맞추며 코사지핀과 함께 와이어로 묶고 테이핑한 후 리본처리를 한다.

4

구도를 잘 잡아주며 코사지를 완성한다.

TIPS

- 무게의 균형이 잘 맞아야한다.
- 와이어와 테이핑은 깔끔하게 처리해준다.
- 가볍게 제작한다.
- 꽃은 충분한 물올림 후 사용한다.
- 전체의 형태는 삼각구도를 유지한다.

Part 3

화훼장식기능사
실기시험
과년도 기출과제

2012 ~ 2020

대칭 삼각형

제한시간 **30** MINUTE

 소재

장미, 미니거베라, 소국, 금사철

 제작방법

01 금사철로 삼각형 형태의 골격을 만들어준다.

02 미니거베라로 중심 꽃(P)을 수직축 기준으로 45°로 꽂아준다.

03 장미와 미니거베라로 연결해서 꽂아 볼륨을 준다.

04 소국과 금사철을 이용하여 빈 공간을 채워 마무리해준다.

 TIPS

- 수직축을 중심으로 시각적 균형이 잘 이루어지도록 구성한다.
- 줄기의 방사 배치에 유의한다.
- 소재끼리의 비율이 잘 이루어지도록 구성한다.

부채형

제한시간
30
MINUTE

 소재   장미, 리시안서스, 소국, 탑사철, 기린초

 제작방법

01 탑사철로 부채형의 골격을 만들어준다.

02 장미로 중심 꽃(P)을 꽂아준다.

03 중심축 부분의 소재를 풍부하게 해줌으로써 형태를 뚜렷하게 표현해준다.

04 리시안서스와 기린초로 곡선형태의 외형을 보완해준다.

05 소국과 탑사철을 꽂아 빈 공간을 채워주고 마무리한다.

TIPS

• 시각적 균형과 물리적 균형이 잘 이루어지도록 구성한다.

• 형태의 외형 부분이 반원 구성이 되도록 제작한다.

원형 핸드타이드

제한시간
50
MINUTE

요구사항　지름 40cm 이상 / 높이 30cm 이상

 소재　장미, 소국, 거베라, 루모라고사리, 다래덩굴

 제작방법

01 구조물을 원형으로 제작한 꽃다발이다.

02 다래덩굴을 선별하여 원형의 구조물을 만든다.

03 #18 철사에 플로랄테이프를 감아 꽃다발의 손잡이를 만들어준다.

04 장미로 전체적인 형태를 계획하고 미니거베라로 부피감을 준다.

05 소국으로 빈 공간을 채워주고 루모라고사리를 가장자리에 배치하고 마무리해준다.

 TIPS

• 원형 꽃다발의 조형형태가 이루어지도록 제작한다.
• 줄기 표현은 나선형이 이루어지도록 제작한다.
• 묶음점(Binding Point)을 단단히 묶어준다.
• 줄기의 절단면은 사선이 되도록 잘라준다.

수평형 바구니

제한시간
30
MINUTE

 소재　설유화, 리시안서스, 찔레, 소국, 장미, 루모라고사리

 제작방법

01 바구니의 비율에 맞추어 전체의 길이를 결정한다.

02 설유화로 자연스러운 곡선의 수평 형태가 되도록 골격을 구성해준다.

03 리시안서스와 장미로 전체 형태를 보완해준다.

04 소국과 루모라고사리로 빈 공간을 채워주고 찔레를 꽂아 깊이감을 주며 완성한다.

TIPS

• 수평형의 조형이 잘 이루어지도록 제작한다.
• 좌우 균형이 잘 이루어지도록 제작한다.
• 줄기의 방사 배치에 유의한다.
• 바구니와의 비율에 맞추어 제작한다.

수평형 핸드타이드

제한시간
50
MINUTE

요구사항 넓이 50cm / 황금비율

 소재 미니거베라, 리시안서스, 영산홍, 노박덩굴, 소국

 제작방법

01 노박덩굴로 수평적인 구조물을 만든다.

02 #18 철사에 테이핑 처리하여 구조물의 손잡이를 구성한다.

03 꽃 배치가 쉬워지도록 영산홍으로 공간을 적당히 채워준다.

04 중심 부분에 미니거베라로 균형을 잡아주고 리시안서스로 수평의 형태를 연결해준다.

05 소국으로 빈 공간을 채워주고 묶음 점을 단단히 묶어 완성한다.

 TIPS

• 조형형태가 수평형이 되도록 제작한다.
• 줄기는 사선으로 잘라준다.

• 비율과 균형이 잘 이루어졌는지 확인한다.

병렬형

제한시간
30
MINUTE

 소재 용담, 잎새란, 장미, 소국, 금사철

 제작방법

01 잎새란을 주그룹, 역구룹, 부그룹의 위치에 병렬이 되도록 배치해준다.

02 장미와 용담도 각 그룹의 길이 비율을 생각하며 꽂아준다.

03 소국과 금사철를 꽂아 각 그룹에 부피감을 준다.

04 금사철을 짧게 잘라 플로랄 폼 부분에 꽂아 가려준다.

 TIPS

• 화기의 비율에 맞게 제작한다.

• 주그룹, 역그룹, 부그룹의 배치가 잘 이루어지도록 제작한다.

• 생장점이 병행이 되도록 제작한다.

• 음화적 공간처리가 잘 되어있는지 확인한다.

비대칭 삼각형

제한시간
30
MINUTE

 소재   용담, 소국, 장미, 말채, 루스커스

 제작방법

01 말채를 삼각형의 형태가 세 변의 길이가 다르도록 길이를 정하여 꽂아준다.

02 중심꽃(포컬 포인트)으로 장미를 꽂아주고, 용담은 말채보다 짧은 길이로 연결하여 비대칭 삼각형의 외곽선을 완성한다.

03 장미를 연결 부분에 추가해 볼륨감을 준다.

04 소국으로 빈 공간을 채워주고 루스커스를 꽂아 작품을 마무리해준다.

TIPS

• 수직의 중심축이 한쪽으로 이동한 비대칭 삼각형으로 높이와 형태의 외형을 결정하는 소재를 플로랄 폼에 꽂을 때 위치선정에 주의한다.

동양 꽃꽂이 경사형

제한시간
30
MINUTE

요구사항　　주지의 크기는 주어진 화기의 비율을 고려 할 것.

소재　　설유화, 장미, 소국, 와네끼, 루모라고사리

제작방법

01 설유화로 1주지(40°~90°), 2주지, 3주지를 꽂아준다.

02 각 주지에 주지를 도와주는 종지를 서로 부등변 삼각형이 되도록 꽂아준다.

03 와네끼를 주지 앞쪽으로 배치한다.

04 장미를 각 주지의 비율(주지의 3/4이 넘지 않는 길이)에 맞추어 서로 부등변 삼각형이 되도록 주지의 안쪽으로 꽂아준다.

05 소국을 부등변 삼각형 안으로 꽂아 작품을 완성한다.

TIPS

• 주지의 방향과 각도가 잘 이루어지도록 제작한다.　• 종지는 주지와 잘 연결되도록 꽂아준다.

• 선과 여백이 잘 표현되도록 제작한다.

동양 꽃꽂이 직립 기본형

제한시간
30
MINUTE

 소재　영산홍, 장미, 소국, 미스티블루

 제작방법

01 영산홍으로 1주지는 (화기폭 + 높이)의 1.5배~2배의 길이로 0°~15°의 각도로 바로 세워 꽂는다. 2주지는 1주지의 3/4 길이로 좌측 앞 옆45°(40°~60°)의 방향으로 꽂는다. 3주지는 2주지의 3/4 길이로 우측 앞옆에 75°(70°~90°) 의 각도로 꽂아준다.

02 각 주지에 한줄기에서 나온듯한 모습으로 종지를 꽂아준다.

03 각 주지의 삼각 구도 안쪽으로 장미를 부등변 삼각형이 되도록 배치해 준다.

04 소국과 미스티블루로 공간을 채워주고 작품을 완성한다.

TIPS

- 화기와의 비율에 맞추어 제작한다.
- 줄기의 방사 표현이 잘 이루어지도록 제작한다.
- 침봉에 소재의 고정에 유의한다(견고성).

동양 꽃꽂이 하수형

제한시간
30
MINUTE

소재　　찔레, 맨드라미, 소국, 나리

제작방법

01 1주지로 곡선의 찔레를 (화기폭+높이)의 1.5~2배의 길이로 90°~180°의 각도로 좌측 앞 옆으로 흘러내리게 꽂는다.

02 2주지는 1주지의 3/4 길이로 0°~15°의 각도로 바로 세워 꽂는다.

03 3주지는 2주지의 3/4 길이로 45°(40°~60°) 각도로 우측 앞 옆으로 꽂는다.

04 주지에 붙어서 나온듯한 모습의 보조 가지를 꽂아준다.

05 주지의 삼각 구도 안쪽으로 맨드라미와 나리를 꽂아준다.

06 소국으로 빈 공간을 채워 마무리한다.

TIPS

• 비율과 균형이 잘 이루어지도록 제작한다.　　• 줄기의 교차에 유의한다. (방사형 줄기배열)

• 주지의 각이 부등변 삼각형이 되도록 제작한다.　• 선과 여백을 잘 살려 제작한다.

서양 꽃꽂이 S형

제한시간
30
MINUTE

 소재 설유화, 나리, 스프레이 카네이션, 스타티스

 제작방법

01 아래로 흐르는 형태이므로 플로랄 폼을 높게 고정한다.

02 설유화를 곡선으로 정리하여 화기의 비율에 맞추어 A, B를 꽂아준다.

03 중심꽃(P)의 나리는 수직을 기준으로 45° 각도로 꽂아준다.

04 A, B, P를 연결하는 선을 중심으로 설유화를 보충해서 꽂아 S 형태의 외형을 완성한다.

05 설유화의 선을 따라 나리와 스프레이 카네이션을 꽂아 부피감을 준다.

06 스타티스로 빈 공간을 채워주고 마무리한다.

TIPS

• 시각적 비율과 균형이 이루어지도록 제작한다.

• 뒷면의 플로랄 폼 마무리를 확인한다.

• 줄기의 방사상 배치에 유의한다.

서양 꽃꽂이 L형

제한시간 30 MINUTE

 소재 루스커스, 장미, 거베라, 리시안서스, 공작초, 편백

 제작방법 **01** 폼은 화기 위 3cm 정도 높게 고정한다.

02 루스커스의 곧은 선으로 L형의 외형을 구성해준다.

03 루스커스 안쪽으로 장미와 거베라를 꽂아 부피감을 준다.

04 공작초와 루스커스로 공간을 채우며 형태를 완성한다.

05 편백으로 플로랄 폼을 가려주고 마무리해준다.

TIPS

• 수직과 수평이 만나는 부분은 짧은 꽃으로 꽂아준다.

• 뒷면은 그린소재로 플로랄 폼을 가려준다.

• 줄기의 방사상 배치에 유의한다.

동양 꽃꽂이 직립 기본형

제한시간
30
MINUTE

 소재　탑사철, 장미, 소국, 몬스테라

 제작방법

01 탑사철로 1주지를 화기의 비율에 맞추어 0~15º의 각도로 세워 꽂아준다.

02 2주지는 1주지의 3/4 길이로 45º로 기울여 꽂아준다.

03 3주지는 2주지의 3/4 길이로 75º로 뉘어 꽂아준다.

04 각 주지의 종지는 각각의 주지와 한줄기에서 나온듯한 모습으로 꽂아준다.

05 각 주지의 삼각구도 안쪽으로 장미와 소국, 몬스테라를 배치하여 형태를 완성한다.

 TIPS

- 화기와의 비율에 맞추어 제작한다.
- 줄기의 방사 표현이 잘 이루어지도록 제작한다.
- 침봉에 소재의 고정에 유의한다(견고성).

동양 꽃꽂이 경사 기본형

제한시간 **30** MINUTE

 소재 진달래, 장미, 소국, 몬스테라

 제작방법

01 진달래로 1주지를 화기의 비율에 맞추어 45°의 각도로 좌측 앞 옆으로 기울여 꽂아준다.

02 2주지는 1주지의 3/4 길이로 0~15° 로 세워 꽂아준다.

03 3주지는 2주지의 3/4 길이로 75°로 뉘어 꽂아준다.

04 각 주지의 종지는 각각의 주지와 한줄기에서 나온듯한 모습으로 꽂아준다.

05 각 주지의 삼각구도 안쪽으로 장미를 입체감 있게 꽂아준다.

06 소국과 몬스테라를 넣어 마무리한다.

TIPS

• 주지의 방향과 각도가 잘 이루어지도록 제작한다. • 종지는 주지와 잘 연결되도록 꽂아준다.
• 선과 여백이 잘 표현되도록 제작한다.

원추형(꽃다발형)

제한시간
50
MINUTE

 소재   말채, 장미, 거베라, 리시안서스, 루스커스

 제작방법

01 말채로 원추형의 구조물을 만든다.

02 꽃 배치가 쉬워지도록 루스커스로 공간을 적당히 채워준다.

03 중심 부분에 장미로 균형을 잡아주며 전체적으로 배치해준다.

04 거베라는 너무 높지 않게 넣어준다.

05 리시안서스를 빈 공간에 연결해주며 루스커스로 마무리해준다.

06 묶음점을 단단히 묶어 원추형 꽃다발을 완성한다.

 TIPS

• 구조물이 완성되기 전 상태에서 꽃을 넣어주고 구조물을 완성하면 꽃 손상을 줄일 수 있다.

• 지나치게 큰 꽃의 배치는 피하는 것이 좋다.

Part 4

화훼장식산업기사
실기 예상 디자인 실무

01 원형 신부 부케 Round Style

원형이나 반구형으로 구성되는 전통적인 형태의 부케를 말한다. 구조물을
이용하여 원형으로 구성한 것으로 모든 부케의 기본형이 된다.

Round style.

소재

장미

리시안서스

유칼립투스

마디초

루모라고사리

아이비

 와이어 사용법

와이어 테크닉	와이어 번호	소재
인서션 메소드	18번	마디초
트위스팅, 피어스 메소드	20~22번	장미
트위스팅 메소드	24~26번	리시안서스(스프레이 카네이션), 유칼립투스
헤어핀 메소드	24~26번	아이비, 루모라고사리

TIPS

• 플로랄 테이프를 감을 때 철사가 노출되지 않도록 감는 방법에 주의한다.

• 묶음점(Binding Point)은 반드시 한 점에서 이루어져야 한다.

• 손잡이는 철사 끝 단면까지 보이지 않도록 테이핑과 리본처리를 해준다.

용어정리

• **갈런드**(Garland)   꽃이나 잎을 작은 것부터 순서대로 길게 이어가는 방법

• **인서션**(Insertion method) 줄기가 약하거나 속이 비어있는 꽃의 줄기를 그대로 살리고 싶을 때 와이어
를 줄기 속으로 집어넣는 기법

제작과정 　구조물

1

마디초(속새)에 18번 철사를 넣어준다.

(인서션(Insertion))

2

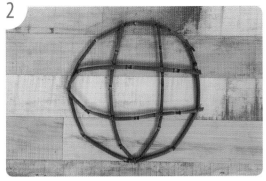

마디초를 구부려 원을 만들어 구조물의 아랫부분을 완성해준다.

3

원형의 구조물 위에 곡선을 유지하면서 반구형의 구조물로 입체감을 준다.

4

손잡이를 만들어 원형의 부케 구조물을 완성한다.

재단

구조물 크기에 맞는 길이로 장미를 자른다.

리시안서스도 같은 방법으로 길이를 정해서 연결한다.

유칼립투스도 장미와 비슷한 길이로 자른다.

부케 뒷부분의 루모라고사리는 원형의 형태를 너무 벗어나지 않는 길이로 재단한다.

와이어링과 테이핑

1

유칼립투스, 장미, 리시안서스는 트위스팅 기법으로 와이어링 해주고, 루모라고사리는 시큐어링 또는 헤어핀 기법으로 처리해준다. 아이비잎은 헤어핀 기법으로 와이어링해 준다.

2

와이어링된 각각의 소재들을 플로랄테이프로 자연 줄기 끝 약 5cm 정도까지 모두 감아준다.

조립

원형의 구조물 안에 중심 꽃부터 차례로 넣어준다.

가장 형태가 좋은 장미를 중심에 둔다.

형태를 완성하고 유칼립투스를 가장자리에 보충해서 장미와 리시안서스가 상하지 않도록 한다.

루모라고사리와 아이비잎으로 덧대어주고 플로랄 테이프로 감아준다. 아이비는 90°로 구부려 앞면이 보이도록 덧대어준다.

리본으로 감아 원형의 부케를 마무리해 준다.

돔(Dome)형의 부케를 완성한다.

신부
부케

CHAPTER 1

02 초승달형 신부 부케
Crescent Style

부드럽고 여성적인 선을 가진 초승달 형태의 부케를 말하며 크레센트 부케라고도 한다. 두 개의 갈런드(Garland)를 부드러운 곡선으로 만들어 중심 부분에서 자연스럽게 조합하여 비대칭의 형태가 되도록 디자인한 형태의 부케이다.

Crescent bouquet

소재

장미

리시안서스

유칼립투스

마디초

루모라고사리

아이비

와이어 사용법

와이어 테크닉	와이어 번호	소재
인서션 메소드	18번	마디초
트위스팅, 피어스 메소드	20~22번	장미
트위스팅 메소드	24~26번	리시안서스(스프레이 카네이션), 유칼립투스
헤어핀 메소드	24~26번	아이비, 루모라고사리

- 와이어는 꽃의 크기, 무게, 형태에 따라 적절히 사용하도록 한다.
- 부케제작 시간 배분의 예 ; 구조물 15분, 재단 10분, 와이어링 15분, 테이핑 15분, 조립 10분, 마무리
(리본 포함) 5분

TIPS

- 무게 중심이 너무 한쪽으로 치우치지 않도록 주의한다.
- 묶음점(Binding Point)이 너무 아래로 내려가지 않도록 한다
- 꽃을 넣는 순서는 소재가 움직이거나 상하지 않도록 유동적으로 결정한다.
- 아이비는 90°로 구부려 잎의 앞면이 보이도록 배치한다.
- 손잡이 부분의 끝은 손으로 잡고 2~3cm 정도 남기고 잘라준다.

제작과정 **구조물**

1

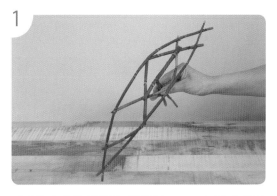

마디초에 #18 철사를 인서션(Insertion) 하여 구조
물의 아랫부분을 사진의 형태로 제작한다.

2

#18철사를 인서션(Insertion)한 마디초로 손잡이
만들고 구조물의 위쪽에 두 개의 선을 가볍게 올
려 공간을 만들어 구조물을 완성한다.

재단

1

장미, 리시안서스, 유칼립투스로 부케의 중심 부
분에 배치할 원형을 재단한다.

2

작은 갈런드(Garland) 부분을 구조물에서 너무 벗
어나지 않는 길이로 재단한다.

3

큰 갈런드(Garland) 부분을 재단한다.

4

세 부분을 함께 모아 초승달의 형태를 확인한다.

조립

1

와이어링과 테이핑한 장미, 리시안서스, 유칼립투스로 중심의 원형 부분을 만들어 구조물에 넣는다.

2

작은 쪽 갈런드와 큰 쪽 갈런드를 묶음점을 맞추며 조립해준다.

3

뒷부분에 루모라고사리와 아이비 잎을 대어주고 손잡이를 플로랄테이프로 감아준다.

4

손잡이 부분을 리본으로 감아주고 리본 보우로 마무리해 준다.

5

전체적인 형태를 잡아주고 부케를 완성한다.

신부 부케

CHAPTER 1

03 폭포형 신부 부케
Cascade Style

작은 폭포가 흘러내려 오는듯한 모습으로 원형과 갈런드(Garland)가 합하여 만들어진 형태로 원형이 자연스럽게 길어지며 아래로 흐르는 형태의 부케 이다.

Cascade bouquet

소재

장미

리시안서스

유칼립투스

마디초

루모라고사리

아이비

와이어 사용법

와이어 테크닉	와이어 번호	소재
인서션 메소드	18번	마디초
트위스팅, 피어스 메소드	20~22번	장미
트위스팅 메소드	24~26번	리시안서스(스프레이카네이션), 유칼립투스
헤어핀 메소드	24~26번	아이비, 루모라고사리

TIPS

- 소재의 종류에 따라 적당한 철사의 선택이 중요하다.
- 부케의 재단은 정확한 길이로 선택하여 와이어링, 테이핑한다.
- 손잡이는 적당한 부피감이 필요하다. 너무 가늘어도, 너무 두꺼워도 좋지 않다.

용어정리

- **갈런드**(Garland)　　꽃이나 잎을 작은 것부터 순서대로 길게 이어가는 방법
- **인서션**(Insertion method)　줄기가 약하거나 속이 비어있는 꽃의 줄기를 그대로 살리고 싶을 때 와이어를 줄기 속으로 집어넣는 기법

1

장미를 원형의 형태로 구성한다.

2

비슷한 길이의 리시안서스와 유칼립투스로 원형을 완성한다.

3

장미, 리시안서스, 유칼립투스, 루모라고사리로 갈런드(Garland)를 구성한다.

4

원형과 갈런드(Garland)의 배열로 폭포형의 형태를 확인한다.

조립

1

길이가 긴 소재부터 차례로 연결하며 긴 갈런드(Garland)를 잡아준다(마디초에 #18철사를 인서션(Insertion)하여 사이에 같이 연결).

2

장미와 리시안서스, 유칼립투스로 바인딩포인트를 맞추며 원형의 중심 부분을 구성해준다.

3

중심의 원형과 갈런드(Garland) 부분을 연결해준다.

4

원형과 갈런드(Garland)를 연결하여 뒷부분에 루모라고사리와 아이비를 덧대서 묶어주고 플로랄테이프로 손잡이 부분을 감아준다.

5

손잡이를 리본으로 감아 마무리한다.

6

자연스러운 폭포형의 형태가 되도록 잡아주며 완성한다.

04 삼각형 신부 부케
Triangular Style

원형을 중심으로 길고 짧은 갈런드(Garland)를 연결한 부등변 삼각형으로 구성한 부케이다. 부등변 삼각형 형태 비율의 길이를 3:5:8의 황금비율로 갈런드(Garland) 길이를 조절한다.

Triangular bouquet

소재

장미

리시안서스(스프레이 카네이션)

유칼립투스

마디초

루모라고사리

아이비

와이어 사용법

와이어 테크닉	와이어 번호	소재
인서션 메소드	18번	마디초
트위스팅, 피어스 메소드	20~22번	장미
트위스팅 메소드	24~26번	리시안서스(스프레이카네이션), 유칼립투스
헤어핀 메소드	24~26번	아이비, 루모라고사리

TIPS

• 손잡이는 손으로 잡고 손아래 2~3cm 정도 남기고 자르는 것이 적당하다.

• 원형의 부케와 세 개의 갈런드(Garland)를 하나로 조립할 때 각각의 묶음을 롱 로즈를 이용하여 조립하면 쉽고 견고하게 완성할 수 있다.

용어정리

• **갈런드**(Garland)　　　　꽃이나 잎을 작은 것부터 순서대로 길게 이어가는 방법

• **인서션**(Insertion method)　줄기가 약하거나 속이 비어있는 꽃의 줄기를 그대로 살리고 싶을 때 와이어를 줄기 속으로 집어넣는 기법

제작과정 | 재단

1

장미를 원형의 형태로 잘라놓는다.

2

장미와 같거나 비슷한 길이로 리시안서스와 유칼립투스를 잘라 원형을 완성한다.

3

루모라고사리, 유칼립투스, 장미, 리시안서스의 순서로 갈런드(Garland)를 구성한다. (긴소재부터 짧은 소재로)

4

마디초를 공간에 넣어주며 원형과 갈런드(Garland)를 연결한다.

5

위쪽으로 부등변 삼각형을 이루는 길이가 다른 작은 두 개의 갈런드(Garland)를 붙여주며 삼각형 형태를 확인한다.

조립

1

와이어링, 테이핑 된 소재로 원형의 형태를 구성한다.

2

긴 갈런드(Garland)를 구성한다.

3

세 개의 갈런드(Garland)를 각각 조립하여 마디초와 연결하며 부등변 삼각형으로 구성한다.

4

뒷부분에 루모라고사리, 아이비를 덧대어주며 플로랄테이프와 리본으로 마무리한다.

5

전체적인 형태를 잡아주고 부케를 완성한다.

동양
꽃꽂이
CHAPTER 2

01 하수형

1주지가 수평선(90°)보다 아래로 늘어지는 형태이다.

특징 • 이 화형은 아래로 많이 늘어지는 형이기 때문에 굽이 높은 콤포트 형의 화기가 적당하다.

소재

찔레

국화

유칼립투스

공작초

 구상도

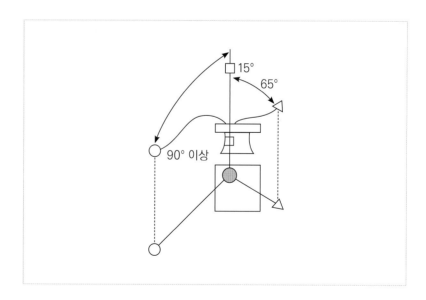

 TIPS

• 소재 선택 시 아래로 흘러내리는 소재의 선택이 중요하다.

제작과정

1

콤포트 형의 화기 중앙에 침봉을 배치한다.

2

찔레를 1주지로 끝이 90° 아래로 떨어지도록 꽂아주고 2, 3주지도 꽂아준다.

3

각 주지의 옆으로 유칼립투스의 선을 정리하여 종지로 꽂아준다.

4

각 주지의 삼각구도 안쪽으로 국화를 주지
와 연결하여 입체감 있게 꽂아준다.

5

공작초를 꽂아 공간을 채워주며 마무리한다.

01 비대칭 삼각형
Asymmetrical Triangular Style

대칭삼각형의 변형으로 중심축을 기준으로 양쪽이 다른 구성을 하고 있는 삼각형의 형태이다.

꽃의 형태와 색, 양은 달라도 시각적 균형은 이루어져야 한다.

 특징

- 수직축을 중심으로 좌우 비대칭 구성의 삼각형이다.

- 외곽의 선은 부등변 삼각형을 이룬다.

- 좌우 물리적 균형은 달라도 시각적 균형은 이루어지도록 한다.

소재

잎새란
─────────
장미
─────────
메두사(오리엔탈
나리)
─────────
공작초

구상도

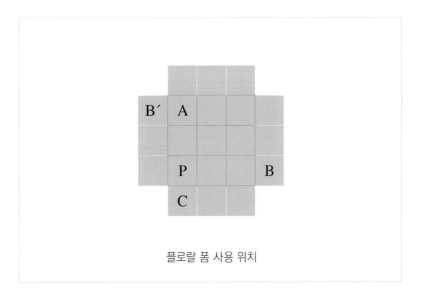

플로랄 폼 사용 위치

TIPS

• 시각적 균형이 깨지지 않도록 주의한다.

제작과정

1

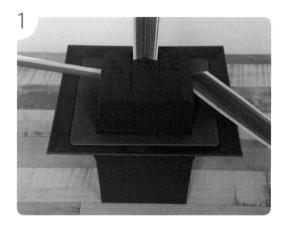

잎새란은 A지점(폼 중앙 2/3 지점)에 5°~10° 뒤로 기울여 꽂아주고, 오른쪽 측면 앞쪽 B 지점에 끝이 아래를 향하도록 꽂아준다. 또 왼쪽 측면 B′에 화기와 평행이 되도록 꽂아준다.

2

중심꽃 P(포인트)에 40°~45°로 A와 연결되도록 장미를 꽂아주고 C도 A와 같은 선상에 꽂아준다. A와 B를 연결하는 외곽선은 직선으로 이루어진다.

3

세 개의 선을 기준으로 잎새란을 연결하여 비대칭 삼각형의 외곽선을 완성한다.

4

잎새란 안쪽으로 장미를 꽂아준다.

5

장미와 오리엔탈 나리로 높낮이를 주며 공간을 채워준다.

6

작품 뒷 부분의 플로랄 폼이 보이지 않도록 그린 소재로 꽂아 마무리 한다.

7

공작초로 빈 공간을 채워 형태를 완성한다.

02 초승달형 Crescent Style

바로크 시대에 유행 했던 초승달의 모양으로 원의 한 부분이 알파벳 "C"의 형태를 갖는다. 대칭도 가능하지만 비대칭의 구성이 자연스러운 형태이다.

 특징

- 길이와 형태가 강조된 형이다.
- 여성적인 이미지를 가진다.
- 방사형 줄기배열을 갖는다.
- 외곽선과 중앙선 그리고 안쪽선 등 세 개의 선으로 구성된다.

소재

버들

백합

장미

기린초

미스티블루

구상도

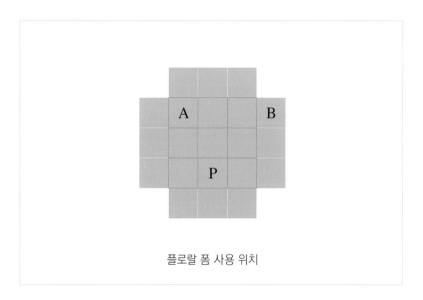

플로랄 폼 사용 위치

TIPS

• 소재는 곡선의소재 또는 잘 휘어지는 것으로 선택하면 작업에 유리하다.

• 전체의 외곽선은 부드러운 곡선의 형태를 이루도록 제작한다.

제작과정

1

플로랄 폼은 모서리를 잘라내고 화기보다 3~4cm 높게 고정한다. A 위치에 꽂을 버들의 길이는 화기의(높이+폭) 1.5~2배의 길이로 정한다. 소재의 양에 따라 길이를 달리할 수 있다.

2

버들은 플로랄 폼 왼쪽 윗부분인 A와 오른쪽 측면 B에 꽂아준다.

3

중심꽃(P)은 백합으로 꽂아 초승달형태의 골격을 만든다. A와 B의 각도와 길이로 초승달 형에 변화를 줄 수 있다.

4

버들과 장미를 꽂아 초승달형의 외곽선을 완성해준다.

5

외곽선 안으로 백합을 연결하여 꽂아 전체적으로
부드러운 곡선이 보이도록 해준다.

6

공간에 기린초를 채워 풍성함을 더해 준다.

7

빈 공간에 장미와 미스티블루를 채워주고 형태를
완성한다.

8

뒷부분의 플로랄 폼이 보이지 않도록 그린 소재로
꽂아 마무리 해준다.

서양꽃꽂이 CHAPTER 3

03 S 자형 Hogarth Curve Style

알파벳 S 자 모양의 곡선을 이루는 화형이다.

호가스 커브(hogarth curve)라고도 하는데 18세기 영국의 화가 윌리암 호가스(William Horgarth)의 이름에서 온 것으로 모든 아름다움은 S선(S-line)에서 비롯된다고 미적 가치를 이론화한 데서 비롯된다. 자연스러운 곡선미가 강조 되어야 한다.

 특징

- 바로크 시대에 많이 이용되던 형태로 흘러내리는 듯한 곡선을 가지므로 높은 화기를 사용한다.

- 곡선이 아름다운 줄기를 이용한다.

- 선을 강조한 구성으로 대표적인 비대칭 구성형태이다.

소재

이반호프

장미

미니거베라

스톡

소국

구상도

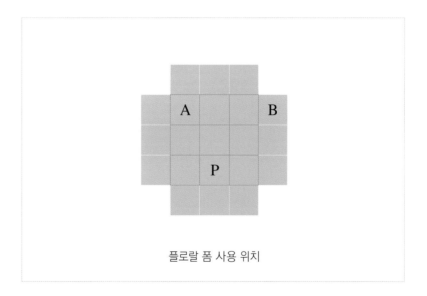

플로랄 폼 사용 위치

 TIPS

• 전체적으로 아래로 흐르는 형태이므로 플로랄 폼은 높게 고정한다.
• 시각적 균형이 이루어지도록 비율을 잘 맞추어야한다.

제작과정

플로랄 폼을 화기보다 높게 고정하고 이반호프를 곡선으로 정리하여 화기의 비율에 맞추어 A(플로랄 폼 왼쪽 2/3 지점), B(플로랄 폼 오른쪽 측면)에 꽂아준다.

P에 장미를 꽂아 S 라인을 만들어준다.

A, B, P 의 선을 중심으로 이반호프로 보충하고 S 형태의 외곽선을 완성해준다.

스톡을 꽂아 곡선의 흐름을 더해준다.

5

장미를 이반호프의 선을 따라서 꽂아 부피감을 더
해준다.

6

미니거베라와 소국으로 빈 공간을 채워주고 마무
리한다.

7

측면으로 보면 A와 B의 끝점은 같은 선상에 위치
한다.

8

작품 뒷부분의 폼이 보이지 않도록 그린소재를 꽂
아 가려준다.

04 스프레이형 Spray Style

선물용 꽃다발을 화기 위에 올려놓은 것같이 줄기와 꽃이 자연스럽게 연결된 것처럼 변형된 구성이다. 잘라낸 가지를 이용하거나 리본을 곁들여 내츄럴부게 형태를 이룬다.

특징

• 주로 꽃줄기를 이용하므로 줄기가 강하고 자연미를 느낄 수 있는 소재로 디자인한다.

• 꽃의 줄기를 디자인의 일부로 살린 이형태는 줄기 선의 싱싱하고 아름다움을 충분히 살리도록 한다.

소재

장미

리시안서스

케로네

공작초

루모라고사리

구상도

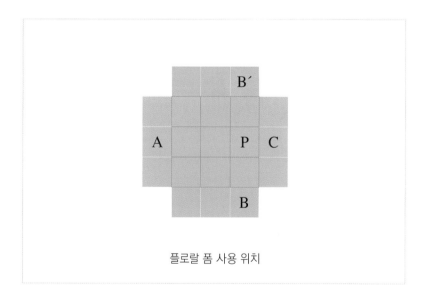

플로랄 폼 사용 위치

TIPS

• 꽃의 줄기를 사용하여 꽃줄기가 플로랄 폼을 통과한 것처럼 보이도록 표현한다.
• 줄기만 꽂혀지는 뒷부분은 그린 소재를 꽂아 플로랄 폼을 가려준다.

제작과정

플로랄 폼의 모서리를 잘라내고 화기에(3~4cm높게) 고정한다.

플로랄 폼 좌측 측면 A에 전체 길이를 결정하는 케로네를, 앞쪽과 뒤쪽 측면 B, B´에 폭을 결정하는 케로네를 꽂아준다.

길이를 결정하는 케로네와 높이를 결정하는 장미(P)로 스프레이 형태의 골격을 만들어준다.

길이와 높이를 결정하는 케로네와 장미는 같은 선상에 배치한다.

케로네를 꽂아 형태의 외곽선을 만들어준다.

전체적으로 부드러운 곡선이 되도록 외곽선을 완성해준다.

7

장미를 사이에 더 꽂아 전체적으로 자연스럽게 연결해준다.

8

리시안서스를 보충해 주어 볼륨감을 더해주고 뒤쪽으로는 잘라놓은 장미 줄기를 꽃과 연결되는 모습이 되도록 꽂아 꽃다발의 구성을 완성한다.

9

측면에서 본 모습

10

빈 공간을 공작초와 루모라고사리로 채워주고 작품을 완성한다. 꽃과 줄기사이에 리본보우를 만들어 꽂아주면 꽃다발이 화기에 올려진듯한 모습이 연출된다.

서양
꽃꽂이
CHAPTER 3

05 원추형 Cone Style

바닥이 원형이고 측면은 대칭 삼각형을 이루는 원추형은 입체형으로서 전
형적인 비잔틴 시대의 스타일로 비잔틴 콘이라고도 한다.

🪴 **특징**

• 많은 양의 꽃이 필요한 것이 단점이지만 과일과 꽃, 그린과 꽃, 그리고 그린만으로
도 여러 가지 변화를 즐길 수 있다.

• 다양한 꽃들을 밀집시켜 구성하며 놓이는 장소나 위치에 따라 변화를 줄 수 있다.

소재

말채

장미

스프레이 카네이션

루모라고사리

홍가시나무

 구상도

플로랄 폼 사용 위치

 TIPS

- 아래쪽의 원을 구성하는 지점은 보통 다섯개를 기준으로 한다.
- 원추형의 특징을 표현하기 위해서는 수직의 높이가 낮으면 좋지 않다.

제작과정

1

플로랄 폼은 모서리를 잘라 화기에 고정한다.

2

장미를 폼 중앙의 A에 수직으로 꽂아주고 화기와 수평으로 원형이 되도록 B, C, D, E, F에 꽂아준다.

3

수직과 수평을 연결하는 원추형의 골격을 구성한다.

4

원추형의 외곽선 안쪽으로 장미를 꽂아 형태를 보완해준다.

5

장미와 스프레이 카네이션으로 공간을 채워주며
볼륨감을 준다.

6

그린 소재를 꽂아 빈 공간을 채워준다.

7

말채를 꽂아 좀 더 선명한 형태의 원추형으로 완성
한다.

06 병렬(병행)형 Parallel Style

소재의 배치상 대부분의 소재가 병행으로 배열된 경우로 각각의 소재는 고유한 생장점을 가지고 있으며 시각적 느낌의 병행이 작품에서 80% 이상으로 주도적인 역할을 해야 한다.

 특징

- 식물 소재 각각의 개성과 아름다움을 살려서 소재가 갖는 가치에 따라 길이를 다르게 꽂아준다.

- 잎이나 이끼, 돌, 솔방울과 같은 둥근 소재를 바닥으로 배치하여 선과의 대비를 이루어 준다.

- 화기는 대부분 길고 넓은 것을 사용하여 음성적 공간이 더욱 돋보이도록 한다.

소재

풍선초

장미

용담

소국

금사철

구상도

그룹의 배치방법

① 주그룹
② 부그룹
③ 역(대항)그룹
④ 바란스의 중심축은 주그룹의 중심축과 기하학상의 중심축 사이에 있다.

비대칭그룹의 위치

– 황금분할법(3:5:8) 으로 한다.

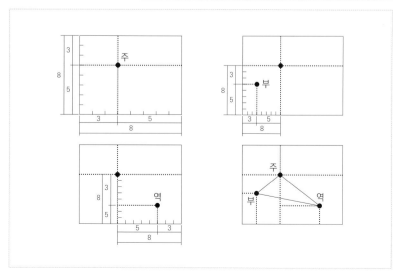

제작과정

1

플로랄 폼을 화기에 고정한다.

2

금사철을 이용하여 주그룹, 역그룹, 부그룹의 위치를 잡아 병렬이 되도록 꽂아준다.

3

용담을 각 그룹의 비율에 맞추어 꽂아준다. 꽃의 표정은 서로 연결감 있게 자연스러운 방향으로 배치해 준다.

4

장미를 그룹의 비율에 맞추어 각각의 표정이 방해받지 않도록 꽂아준다.

5

풍선초의 배열로 형태에 볼륨을 더해주고 금사철
을 짧게 잘라 바닥 부분을 덮어준다.

6

측면에서 본 모습

7

소국을 아래쪽 부분에 꽂아주고 병렬형을 완성한다.

TIPS

- 꽃의 배치는 3 : 5 : 8의 비율을 적용한다.
- 플로랄 폼을 가려주는 작업은 꽃을 꽂지 않는 부분에 어느 정도 미리 작업을 하면 마무리작업을
  쉽게 할 수 있다.
- 폼을 가려주는 방법으로는 넓은 잎을 "U핀" 처리하는 방법과 그린 소재와 작은 꽃으로 그룹핑 기
  법 처리하는 방법이 있다.
- 그룹과 그룹의 공간 확보는 소재 각각의 가치를 돋보이게 할 수 있다.
- 작은 공간에서는 주, 역, 부 그룹이 하나씩 올 수 있지만 큰 공간을 가진 사각형에서는 여러 개가
  올 수도 있다.

꽃다발

CHAPTER 4

이 수평형 Horizontal Style

수평적인 선이 강조되는 화형의 꽃다발로 대칭과 비대칭 구성이 가능하다.

 특징 • 횡적 확산감을 느끼게 하는 꽃다발로 부드러운 라인 소재와 꽃들의 균형 배치로 평온하고 안정감이 느껴지는 작품이다.

소재

곱슬버들, 장미, 거베라, 리시안, 리시안서스, 루스커스

구조물 제작과정

1

삼지닥을 이용하여 구조물의 길이와 폭을 결정한다.

2

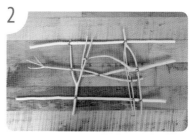

삼지닥의 잔가지를 추가하여 구조물의 밑면에 부피감을 준다.

3

#18 철사를 이용하여 구조물의 손잡이를 만든다.

4

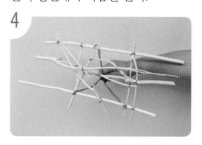

삼지닥 잔가지를 위로 덧대어 구조물에 공간을 만들어준다.

5

구조물의 가지들이 밀집되지 않게 수평의 형태를 유지하며 구성한다.

6

너무 무겁지 않은 투명한 수평형 구조물을 완성한다.

TIPS

- 꽃의 화형이 구조물에 눌리지 않도록 제작한다.
- 줄기의 단면은 45° 각도를 유지하도록 한다.
- 구조물에 꽃을 배치한 후 부드럽고 가벼운 선을 추가해 줌으로써 깊이감과 공간감을 더해줄 수 있다.
- 구조물의 양쪽 끝 부분은 반드시 열린 공간으로 유지한다.

꽃다발

CHAPTER 4

02 활형 Bow Style

역 초승달형의 형태로 활형 또는 Bow style이라고도 한다.

 특징

• 부드러운 가지를 선택해서 만들어진 구조물 안에 길고 부드러운 꽃 소재를 아래로 늘어지게 배치하는 활형 스타일의 꽃다발이다.

소재　　　장미, 소국, 스프링게리

 구조물 제작과정

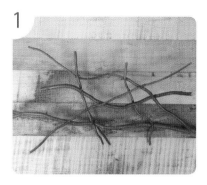

곱슬버들의 두꺼운 줄기로 구조물의밑면 쪽을 만들어준다.

적당한 굵기와 선의 곱슬버들로 꽃다발의 손잡이를 만든다.

가늘고 부드러운 곡선의 줄기를 선별하여 구조물 위쪽으로 가볍게 배치해준다.

구조물 위쪽으로 배치된 가늘고 부드러운 선의 양쪽끝이 아래로 흐르도록 제작한다.

TIPS
- 활형의 외형이 잘 이루어지도록 한다.
- 구조물과 꽃이 일체감이 되도록 구성한다.
- 시각적 균형과 리듬이 잘 이루어지도록 한다.

꽃다발

CHAPTER 4

03 정사각형 Square Style

사각형태가 강조되고 대칭형으로 구성하는 꽃다발이다.

 특징
- 외곽선이 사각형을 이루는 형태이며 소재의 배합에 따라 개성이 강하고 무게 있는 꽃으로 포인트를 주어 안정감을 더해주는 형태이다.

소재   곱슬버들, 장미, 리시안서스, 거베라, 레몬잎

제작과정

1

제시된 요구사항에 맞는 조건으로 구조물을 제작한다.

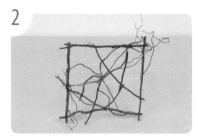

2

주어진 와이어(#18)를 플로랄 테이프 처리하여 꽃다발의 손잡이를 만들어 준다.

3

레몬잎으로 사각형태의 구조물 안에 전체적으로 배치한다.

4

중심이 되는 장미를 사각형태를 유지하며 넣어주고, 거베라, 리시안서스를 넣어 형태를 완성한다.

5

전체의 사각형태를 유지하며 곱슬버들로 볼륨감을 주어 꽃다발을 마무리한다.

TIPS

- 구조물은 공간을 만들어 볼륨을 주며 입체적으로 제작한다.
- 줄기배열은 나선형을 유지한다.
- 구조물의 소재는 다양한 종류로 사용할 수 있다.

화훼장식
기능사 실기시험
합격하기